高等院校智能制造应用型人才培养系列教材

控制工程基础

吕卫阳　周敬辉　张亚琼　编

Fundamentals of
Control Engineering

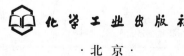

化学工业出版社

·北京·

内 容 简 介

本书主要介绍控制系统的基础知识和设计方法。首先介绍了控制系统的基本概念，然后论述了控制系统的微分方程和传递函数等数学模型的建立和等效简化方法。在系统分析方面，主要介绍了控制系统的时域分析法、根轨迹分析法和频域分析法。在系统设计方面，主要介绍了串联校正技术和 PID 控制技术。在计算机控制技术方面，简明地论述了连续信号的采样过程和离散系统的数学模型，并介绍了控制系统典型环节和数字 PID 控制器的程序设计方法。本书还包括 MATLAB 应用的内容，并在附录中介绍了拉普拉斯变换和 z 变换的基本理论。

本书的主要特点体现在：编写体系符合教学规律，内容精练，重点突出，强调基本概念和基本原理的掌握与应用；适应拓宽专业口径的需要，重点阐述共性问题；从直观的物理概念出发来分析和解决问题，简化或略去艰深的数学推导；考虑到学生的知识基础，论述由浅入深，注重实例分析，便于自学。

本书可作为普通高等院校机械类专业控制理论课程的教材，也可供有关工程技术人员参考使用。

图书在版编目（CIP）数据

控制工程基础/吕卫阳，周敬辉，张亚琼编. —北京：化学工业出版社，2023.9
高等院校智能制造应用型人才培养系列教材
ISBN 978-7-122-43779-2

Ⅰ.①控⋯ Ⅱ.①吕⋯ ②周⋯ ③张⋯ Ⅲ.①自动控制理论-高等学校-教材 Ⅳ.①TP13

中国国家版本馆 CIP 数据核字（2023）第 125056 号

责任编辑：张海丽　　　　　　　　　　装帧设计：韩　飞
责任校对：宋　玮

出版发行：化学工业出版社（北京市东城区青年湖南街 13 号　邮政编码 100011）
印　　装：高教社（天津）印务有限公司
787mm×1092mm　1/16　印张 12¾　字数 300 千字　2024 年 1 月北京第 1 版第 1 次印刷

购书咨询：010-64518888　　　　　　售后服务：010-64518899
网　　址：http://www.cip.com.cn
凡购买本书，如有缺损质量问题，本社销售中心负责调换。

定　　价：52.00 元　　　　　　　　　　　　　　　版权所有　违者必究

序

　　党的二十大报告指出，要建设现代化产业体系，坚持把发展经济的着力点放在实体经济上，推进新型工业化，加快建设制造强国、质量强国、航天强国、交通强国、网络强国、数字中国。实施产业基础再造工程和重大技术装备攻关工程，支持专精特新企业发展，推动制造业高端化、智能化、绿色化发展。推动战略性新兴产业融合集群发展，构建新一代信息技术、人工智能、生物技术、新能源、新材料、高端装备、绿色环保等一批新的增长引擎。其中，制造强国、高端装备等重点工作都与智能制造相关，可以说，智能制造是我国从制造大国转向制造强国、构建中国制造业全球优势的主要路径。

　　制造业是一个国家的立国之本、强国之基，历来是世界各主要工业国高度重视和发展的重要领域。改革开放以来，我国综合国力得到稳步提升，到 2011 年中国工业总产值全球第一，分别是美国、德国、日本的 120%、346% 和 235%。党的十八大以来，我国进入了新时代，发展的格局更为宏大，"一带一路"倡议和制造强国战略使我国工业正在实现从大到强的转变。我国不但建立了全球最为齐全的工业体系，而且在许多重大装备领域取得突破，特别是在三代核电、特高压输电、特大型水电站、大型炼化工、油气长输管线、大型矿山采掘与炼矿综采重点工程建设项目、重大成套装备、高端装备、航空航天等领域取得了丰硕成果，补齐了短板，打破了国外垄断，解决了许多"卡脖子"难题，为推动重大技术装备高质量发展，实现我国高水平科技自立自强奠定了坚实基础。进入新时代的十年，制造业增加值从 2012 年的 16.98 万亿元增加到 2021 年的 31.4 万亿元，占全球比重从 20% 左右提高到近 30%；500 种主要工业产品中，我国有四成以上产量位居世界第一；建成全球规模最大、技术领先的网络基础设施……一个个亮眼的数据，一项项提气的成就，勾勒出十年间大国制造的非凡足迹，标志着我国迎来从"制造大国""网络大国"向"制造强国""网络强国"的历史性跨越。

　　最早提出智能制造概念的是美国人 P.K.Wright，他在其 1988 年出版的专著 *Manufacturing Intelligence*（《制造智能》）中，把智能制造定义为"通过集成知识工程、制造软件系统、机器人视觉和机器人控制来对制造技工们的技能与专家知识进行建模，以使智能机器能够在没有人工干预的情况下进行小批量生产"。当然，因为智能制造仍处在发展阶段，各种定义层出不穷，国内外有不同专家给出了不同的定义，但智能机器、智能传感、智能算法、智能设计、解决制造过程中不确定问题的智能方法、智能维护是智能制造的核心关键词。

从人才培养的角度而言，实现智能制造还任重道远，人才紧缺的局面很难在短时间内扭转，相关高校师资力量也不足。据不完全统计，近五年来，全国有 300 多所高校开办了智能制造专业，其中既有双一流高校，也有许多地方院校和民办高校，人才培养定位、课程体系、教材建设、实践环节都面临一系列问题，严重制约着我国智能制造业未来的长远发展。在此情况下，如何培养出适应不同行业、不同岗位要求的智能制造专业人才，是许多开设该专业的高校面临的首要任务。

智能制造的特点决定了其人才培养模式区别于其他传统工科：首先，智能制造是跨专业的，其所涉及的知识几乎与所有工科门类有关；其次，智能制造是跨行业的，其核心技术不仅覆盖所有制造行业，也适用于某些非制造行业。因此，智能制造人才培养既要考虑本校专业特色，又不能脱离社会对智能制造人才的需求，既要遵循教育的基本规律，又要创新教育体系和教学方法。在课程设置中要充分考虑以下因素：

- 考虑不同类型学校的定位和特色；
- 考虑学生已有知识基础和结构；
- 考虑适应某些行业需求，如流程制造，离散制造，混合制造等；
- 考虑适应不同生产模式，如多品种、小批量生产、大批量生产等；
- 考虑让学生了解智能制造相关前沿技术；
- 考虑兼顾应用型、技能型、研究型岗位需求等。

改革开放 40 多年来，我国的高等教育突飞猛进，高等教育的毛入学率从 1978 年的 1.55%提高到 2021 年的 57.8%，进入了普及化教育阶段，这就意味着高等教育担负的历史使命、受教育的对象都发生了深刻的变化。面对地方应用型高校生源差异化大，因材施教，做好智能制造应用型人才培养，解决高校智能制造应用型人才培养的教材需求就是本系列教材的使命和定位。

要解决好这个问题，首先要有一个好的定位，有一个明确的认识，这套教材定位于智能制造应用人才培养需求，就是要解决应用型人才培养的知识体系如何构造，智能制造应用型人才的课程内容如何搭建。我们知道，应用型高校学生培养的主要目的是为应用型学科专业的学生打牢一定的理论功底，为培养德才兼备、五育并举的应用型人才服务，因此在课程体系、基础课程、专业教育、实践能力培养上与传统综合性大学和"双一流"学校比较应有不同的侧重，应更着眼于学生的实用性需求，应培养满足社会对应用技术人才的需求，满足社会实际生产和社会实际发展的需求，更要考虑这些学校学生的实际，也就是要面向社会发展需求，为社会各行各业培养"适销对路"的专业人才。因此，在人才培养的过程中，对实践环节的要求更高，要非常注重理论和实践相结合。据此，在应用型人才培养模式的构建上，从培养方案、课程体系、教学内容、教学方式、教材建设上都应注重应用型人才培养的规律，这正是我们编写这套应用型高校智能制造相关专业教材的目的。

这套教材的突出特色有以下几点：

① 定位于应用型。这套教材不仅有适应智能制造应用型人才培养的专业主干课程和选修课程教

材，还有基于机械类专业向智能制造转型的专业基础课教材，专业基础课教材的编写中以应用为导向，突出理论的应用价值。在编写中引入现代教学方法和手段，结合教学软件和工业仿真软件，使理论教学更为生动化、具象化，努力实现理论课程通向专业教学的桥梁作用。例如，在制图课程中较多地使用工业界成熟设计软件，使学生掌握比较扎实的软件设计能力；在工程力学教学中引入有限元软件，实现设计计算的有限元化；在机械设计中引入模块化设计的概念；在控制工程中引入 MATLAB 仿真和计算机编程内容，实现基础教学内容的更新和对专业教育的支撑，凸显应用型人才培养模式的特点。

② 专业教材突出实用性、模块化、柔性化。智能制造技术是利用先进的制造技术，以及数字化、网络化、智能化等知识和控制理论来解决制造过程中不确定和非固定模式的问题，使得制造过程具有智能的技术，它的特点是综合性和知识内涵的丰富性以及知识本身的创新性。因此，在教材建设上与以前传统的知识技术技能模式应有大的区别，更应注重对学生理念、意识、认知、思维方式和系统解决问题能力的培养。同时考虑到各行业、各地和各校发展阶段和实际办学水平的不同，希望这套教材尽可能为各校合理选择教学内容提供一个模块化、积木式结构，并在实际编写中尽量提供项目化案例，以便学校根据具体情况做柔性化选择。

③ 本系列教材注重数字资源建设，更多地采用多媒体的互动方式，如配套课件、教学视频、测试题等，使教材呈现形式多样化，数字内容更为丰富。

由于编写时间紧张，智能制造技术日新月异，编写人员专业水平有限，书中难免有不当之处，敬请读者及时批评指正。

高等院校智能制造应用型人才培养系列教材建设委员会

前　言

　　针对机械制造领域的特点与要求，作者团队在总结多年教学经验的基础上，广泛参考了国内外同类教材和其他有关著作，编写了本教材。由于机械类专业的控制理论课程学时安排较少，一般为32学时至48学时，而控制理论博大精深，所以不能要求学生用较短的学时全面系统地掌握控制理论的知识。本教材以经典控制理论为主，内容主要包括控制系统的数学模型、时域分析法、根轨迹分析法、频域分析法和校正技术。在计算机控制技术方面，简明地论述了离散控制系统的研究方法，详细地介绍了具有实用性的计算机控制算法的程序设计。

　　为更好地满足应用型人才培养的需求，本教材的重点在于控制系统基本概念的建立和基本方法的论述，不苛求研究方法的多元化和过于严格的数学证明。在内容上，本教材侧重于控制理论的前沿性、基础性、通用性、简洁性和实用性，符合大多数学生的认知规律，容量和深度适当，留有余量。知识点的编写少而精，化繁为简，在核心知识基础上适当延伸，使学生形成整体认知，着重理解应用方法。

　　本教材同步配套电子课件、习题答案、程序代码，读者可扫描封底或书中的二维码下载使用。

　　本教材第1、2、3章由周敬辉执笔，第4、5章由张亚琼执笔，其余部分由吕卫阳执笔。全书由吕卫阳统稿。

　　在本教材的编写过程中，参考了部分优秀教材和著作，在此向参考文献的各位作者表示真诚的谢意。

　　鉴于编者学识有限，书中难免有不妥之处，敬请广大读者批评指正。

编者

2023年6月

扫描下载本书电子资源

目　录

第 6 章　控制系统的校正技术　　123

第 7 章 计算机控制技术

附录　179

参考文献　188

第 1 章

绪论

 本章思维导图

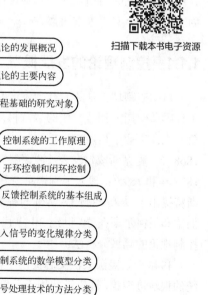

扫描下载本书电子资源

- 控制工程概述
  - 控制理论的发展概况
  - 控制理论的主要内容
  - 控制工程基础的研究对象
- 控制系统的基本概念
  - 控制系统的工作原理
  - 开环控制和闭环控制
  - 反馈控制系统的基本组成
- 绪论
- 控制系统的分类
  - 按输入信号的变化规律分类
  - 按控制系统的数学模型分类
  - 按信号处理技术的方法分类
- 对控制系统的基本要求
- 自动控制系统举例

本章学习目标

（1）了解和掌握控制理论的发展历程、研究对象、研究内容。
（2）了解和掌握控制系统的工作原理、反馈系统的基本组成。
（3）了解和掌握控制系统的分类。
（4）了解对控制系统的基本要求。

1.1 控制工程概述

自动控制作为一种重要的技术手段，在没有人参与的情况下，能高速度和高精度地自动完成被控对象的运动。自动控制在工业、农业、国防及科学技术的现代化中起着重要作用，自动控制技术的应用可使生产过程实现自动化，从而提高劳动生产率，增加产品量，降低生产成本，提高经济效益，改善劳动条件，使人们从繁重的体力劳动和脑力劳动中解放出来。同时，自动控制又可使工作具有高度的准确性，大大提高了产品的质量和数量。近年来，自动控制的应用范围还扩展到交通管理、生物医学、生态环境、经济管理、社会科学和其他许多社会生活领域，并对各学科之间的相互渗透起到促进作用，在人类改造大自然、探索新能源、发展空间技术和创造人类社会文明等方面都具有十分重要的意义。

1.1.1 控制理论的发展概况

自动控制理论是随着社会生产和科学技术的进步而不断发展、完善起来的。1788 年，英国工程师詹姆斯·瓦特发明的蒸汽机离心调速器解决了蒸汽机的速度控制问题，这是人类历史上第一次在工业上运用自动控制技术。由此而引发的蒸汽机转速的振荡现象引起了广泛的关注。1868 年，麦克斯威尔发表《调速器》，提出了反馈的概念。英国人劳斯和德国人赫尔维茨分别在1877 年和 1895 年建立了判别系统稳定性的准则，即劳斯-赫尔维茨判据。1932 年，美国人奈奎斯特提出了以频率特性为基础的稳定性判据，即奈奎斯特稳定判据，奠定了频率响应法的基础。伯德和尼柯尔斯在 20 世纪 30 年代末和 40 年代初进一步将频率响应法加以发展，形成了经典控制理论的频域分析法。

1948 年，美国人伊文思提出了根据系统参数变化时特征方程的根变化的轨迹来研究控制系统的根轨迹理论，被广泛应用于反馈控制系统的分析设计中。同年，美国人维纳发表《控制论》，标志着经典控制理论的成熟。经典控制理论用传递函数来描述系统的数学模型，以时域分析法、根轨迹分析法和频域分析法为分析设计工具，形成了相对完整的理论体系。

经典控制理论研究的对象基本上是以线性定常系统为主的单输入和单输出系统，还不能解决诸如时变参数、多变量、强耦合等复杂的控制问题。为了解决上述控制问题，经过众多学者的努力，20 世纪五六十年代逐步形成了一套完整的理论，这就是有别于经典控制理论的现代控制理论。1956 年，苏联科学家庞特里亚金提出极大值原理。同年，美国数学家贝尔曼创立了动态规划。极大值原理和动态规划为解决最优控制问题提供了理论工具。1959 年，美国数学家卡尔曼提出了著名的卡尔曼滤波器。1960 年，卡尔曼又提出了系统的可控性和可观测性问题。到 20 世纪 60 年代初，一套以状态方程作为描述系统的数学模型，以最优控制和卡尔曼滤波器为核心的控制系统分析设计的新原理和新方法基本确定，现代控制理论应运而生。

现代控制理论主要利用计算机作为系统建模分析、设计乃至控制的手段，适用于多变量、非线性、时变系统。为了解决现代控制理论在工业生产过程中所遇到的被控对象精确状态空间模型不易建立、合适的最优性能指标难以构造、所得最优控制器往往过于复杂等问题，一些新的控制方法和理论，如自适应控制、模糊控制、预测控制、容错控制、非线性控制和大系统、复杂系统控制等陆续被提出，大大扩展了控制理论的研究范围。

目前，自动控制理论正向以控制论、信息论和人工智能为基础的智能控制理论方向发展。同时，由于大规模信息网络管理控制的需要，自动控制理论也在向大系统控制理论方向前进。

1.1.2 控制理论的主要内容

控制理论的主要内容有以下 5 个方面：

① 当系统已知、输入已知时，求出系统的输出，并通过输出来研究系统本身的有关问题，此即系统分析问题；

② 当系统已知时，确定输入，且所确定的输入应使得输出尽可能符合给定的最佳要求，此即最优控制问题；

③ 当输入已知时，确定系统，且所确定的系统应使得输出尽可能符合给定的最佳要求，此即最优设计问题；

④ 当输出已知时，确定系统，以识别输入或输入中的有关信息，此即滤波与预测问题；

⑤ 当输入与输出均已知时，求出系统的结构与参数，即建立系统的数学模型，此即系统识别或系统辨识问题。

1.1.3 控制工程基础的研究对象

控制工程基础的研究对象仅限于单输入和单输出的线性定常系统。工程控制论实质上是研究工程技术中广义系统的动力学问题。具体地说，它研究的是工程技术中的广义系统在一定的外部输入作用下，从其初始状态出发，所经历的由其内部的固有特性（由系统的结构与参数所决定的特性）决定的整个动态历程，即研究广义系统及其输入、输出三者之间的动态关系。

1.2 控制系统的基本概念

自动控制，是指在没有人直接参与的情况下，利用外加的设备或装置（称为控制器或控制装置），使机器、设备或生产过程（统称被控对象）的某个工作状态或参数（统称被控量）自动地按照预定的规律运行。

1.2.1 控制系统的工作原理

自动控制和人工控制有类似的地方。本节通过恒温箱温度控制的例子对自动控制的工作原理进行阐述。图 1-1 是人工控制恒温箱温度的例子。

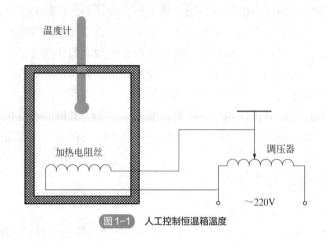

图 1-1　人工控制恒温箱温度

人工控制恒温箱温度的主要过程如下：

① 人眼查看温度计所检测的温度；

② 将所看到的温度和要求的温度进行对比，得出温度偏差大小和方向；

③ 根据偏差手动调节调压器电压，使得电阻丝电流变化，控制温度恢复到要求值。

所以，人工控制恒温箱内温度的实质是检测偏差和消除偏差的过程。

将图 1-1 中控制温度的人换成控制器，组成一个恒温箱温度自动控制系统，如图 1-2 所示。

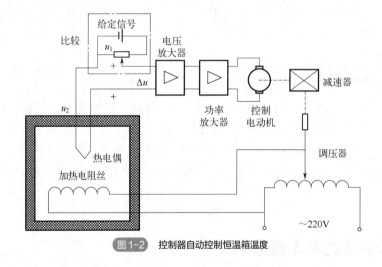

图 1-2　控制器自动控制恒温箱温度

恒温箱温度自动控制系统的控制框图如图 1-3 所示。

从图 1-2 和图 1-3 可以看出，该温度自动控制的工作过程为：恒温箱预期温度由给定电压 u_1 决定，当外界因素引起箱内的温度变化时，热电偶检测出箱体内温度，并将之转换成电压信号 u_2，反馈到输入端，与给定信号 u_1 相比较，得到温度的偏差信号 $\Delta u = u_1 - u_2$，放大后带动电机，改变调压器电压。当温度偏高时，电压减小；反之，电压升高，直到温度达到给定值为止，即只有在偏差信号$\Delta u=0$时，电动机才停转，箱体内温度稳定在预期的温度附近。从上述分析可以看出，自动控制与人工控制相类似，其原理也是：

① 检测温度的输出量；

② 将输出量送回输入端，与给定信号进行比较，得出一个偏差信号；

③ 根据偏差信号的大小和方向进行控制动作，使得输出量稳定在预期值附近。

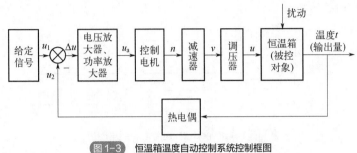

图1-3 恒温箱温度自动控制系统控制框图

很明显，对于自动控制和人工控制来说，只要系统输出量（恒温箱实际温度）不等于系统期望值（恒温箱期望温度），即只要出现偏差，就会产生纠正偏差的控制作用，直至系统输出量（恒温箱实际温度）等于系统期望值（恒温箱期望温度），即偏差消失为止。偏差信号的出现，是因为存在输出量反馈。所谓的反馈，是控制工程中一个最基本、最重要的概念，即将系统的输出全部或部分地送回系统的输入端，并与输入信号共同作用于系统的过程，称为反馈或信息反馈。如果反馈回去的信号与系统的输入信号方向相反，称之为负反馈；如果方向相同，则称之为正反馈。这种基于反馈原理，能对输出量与参考输入值进行比较，并力图保持两者之间既定关系的系统，称为反馈控制系统。在反馈控制系统中，反馈信号与给定信号相减，使偏差越来越小，称为负反馈。负反馈控制是实现自动控制最基本的方法。

1.2.2 开环控制和闭环控制

根据有无反馈作用，控制系统可分为开环控制系统、闭环控制系统两大类。开环控制和闭环控制之间的基本区别在于有无负反馈作用环节。

（1）开环控制系统

开环控制系统的特点就是系统中没有反馈回路。正因如此，该系统抗干扰的能力弱，这必然将降低系统的控制精度。为了提高系统的控制精度，就要求提高组成系统元器件的精度。这种系统的优点是系统不存在不稳定问题。以数控机床为例，开环控制系统的控制框图如图1-4所示。

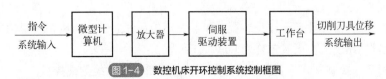

图1-4 数控机床开环控制系统控制框图

（2）闭环控制系统

闭环控制系统的特点是系统中至少有一个反馈回路，因而它能随时对系统输入量及输出量进行比较，并得到其偏差值，从而及时控制系统的输出，所以这种系统抗干扰能力强，可以得到很高的控制精度。但此类系统存在着不稳定问题，控制精度与稳定性之间存在矛盾。因而，常需要设计人员在系统稳定性与控制精度之间进行合理的选择。以数控机床为例，闭环控制系统的控制框图如图 1-5 所示。

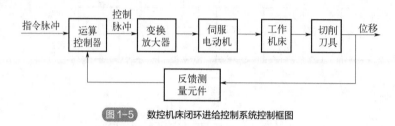

图 1-5　数控机床闭环进给控制系统控制框图

1.2.3　反馈控制系统的基本组成

不同的反馈控制系统，由于其控制的对象和使用的元件不同，控制形式不同。但总的概括起来，一般反馈控制系统的结构框图如图 1-6 所示。

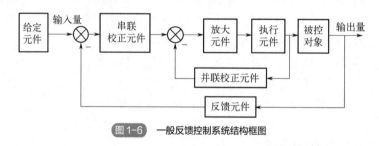

图 1-6　一般反馈控制系统结构框图

由图 1-6 所示的反馈控制系统结构中可见，其由以下几种基本元件组成：

① 给定元件。主要用于产生给定信号或输入信号。

② 反馈元件。测量被控制量或输出量，产生主反馈信号。反馈元件一般为各种检测装置。

③ 比较元件。用来接收输入信号和反馈信号，并进行比较，产生反映两者差值的偏差信号。

④ 放大元件。对较弱的偏差信号进行放大以推动执行元件动作。放大元件有电气的、液压的和机械的，等等。

⑤ 执行元件。直接对被控对象进行操纵的元件，如伺服电机、液压电机及伺服液压缸等。

⑥ 校正元件。校正元件不是反馈控制系统所必须具有的，它是为了改善系统控制性能而加入系统中的元件。校正元件又称校正装置。串联在系统前向通道上的校正装置称为串联校正装置，并接在反馈回路上的校正装置称为并联校正装置。

⑦ 被控对象。控制系统所要操纵的对象，其输出量即为系统的被控量。

控制系统中比较元件、放大元件、执行元件和反馈元件等共同起控制作用，统称为控制器。

1.3 控制系统的分类

自动控制系统的类型很多，可以按照不同的标准进行分类。

1.3.1 按输入信号的变化规律分类

（1）恒值控制系统

输入量为一个恒定的值，如冰箱的温度控制系统。这类系统可以在受到干扰的情况下，保证输出值的稳定。

（2）程序控制系统

当输入量为时限给定的时间函数，称为程序控制系统，如金属材料热处理炉的温度控制系统。

（3）随动系统

这种系统的输入量随时间做任意的变动，是时间的未知函数，即输入量的变化规律事先无法确定，要求输出量能够准确、快速地复现输入量，如火炮自动瞄准敌机的系统、液压仿形刀架运动系统等。

1.3.2 按控制系统的数学模型分类

（1）线性控制系统

组成控制系统的元件都具有线性特性的系统，称为线性控制系统。这种系统的输入与输出的关系是线性的，符合叠加原理，一般可以用微分方程、传递函数、状态方程来描述其运动过程。线性控制系统的主要特点是满足叠加原理。

（2）非线性控制系统

如果系统不能用线性微分方程来描述，则该系统就称为非线性控制系统。非线性控制系统一般不具备叠加性。

1.3.3 按信号处理技术的方法分类

（1）连续控制系统

指系统中各部分的传输信号都是时间 t 的连续函数。描述连续控制系统的动态方程是微分方程。连续控制系统的输入信号和输出信号都是连续函数。

（2）离散控制系统

控制系统在信号传输过程中，传输的是离散信号，称为离散控制系统。描述离散控制系统的动态方程是差分方程。离散控制系统的主要特点是：在系统中使用脉冲采样开关，将连续信号转变为离散信号。目前，大量地采用计算机或数字控制器进行自动控制，其离散信号以数码形式进行传送的系统，被称为采样数字控制系统，如图 1-7 所示。

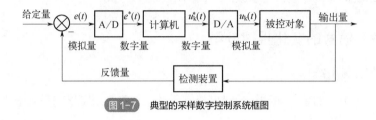

图 1-7　典型的采样数字控制系统框图

1.4　对控制系统的基本要求

自动控制系统因其控制目标的不同而要求各异。但自动控制技术是研究各类控制系统共同规律的一门技术，故对控制系统有一些共同的要求，一般归结为稳定性、快速性与准确性。

（1）稳定性

系统在工作时，往往会因为外界的扰动而偏离其平衡状态。所谓系统的稳定性，是指系统动态过程的振荡倾向和系统恢复平衡状态的能力。稳定性是保证系统正常工作的必要条件。

（2）快速性

所谓快速性，是指当系统输出量与给定量之间产生偏差时，消除这种偏差过程的快速程度。快速性的前提是稳定性。

（3）准确性

所谓系统的准确性，是指在调整过程结束后，实际输出量与希望输出量之间的误差，又称为稳态误差或稳态精度。这也是衡量系统工作性能的重要指标。

综上所述，对控制系统的要求是稳、快、准。根据被控对象的不同，各种系统对稳、准、快的要求各有侧重。例如，随动系统对快速性要求较高，调速系统则对稳定性有较严格的要求。同一系统的稳、准、快性能是相互制约的。快速性好，稳定性变差；稳定性好，快速性能恶化。如何分析并解决这些矛盾，也是控制理论讨论的重要内容。

1.5　自动控制系统举例

1.5.1　水位自动控制系统

图 1-8 为水箱水位的自动控制系统，这套控制系统由浮子、电位器、放大器、电机、减速器、控制阀等组成。其控制过程为：当水位在给定值时，电位器的电刷位于中点位置，其给定电压为 u_1 时，$u_1=u_2$。此时，电机 M 不动，控制阀门维持一定开度，进水量 Q_1 与出水量 Q_2 平衡，水位不变。当水位上升时，浮子上升，在杠杆作用下电刷下降，电压 u_2 下降，$\Delta u=u_1-u_2>0$，

电机带动减速器使控制阀开度减小，Q_1 减小，水位下降，浮子位置随之下降，电压 u_2 下降直至 $u_1=u_2$，水位保持不变，反之亦然。这套装置实现了水位的自动控制功能。

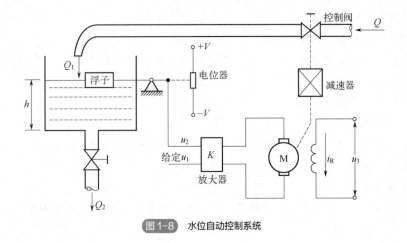

图 1-8　水位自动控制系统

1.5.2　机械式转速控制系统

如图 1-9 所示的蒸汽机离心调速系统由离心机构、比较机构和转换机构等部分组成。

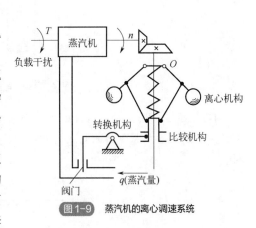

图 1-9　蒸汽机的离心调速系统

对调速系统要求为：调节进入蒸汽机的蒸汽流量 q，使蒸汽机在不同的工作负载 T 时，输出转速 n 保持不变。调速过程为：当外界负荷变化使 T 减小时，因为蒸汽带入的功率不变，输出转速 n 将上升；n 上升后，飞球转速上升，离心机构以 O 点为支点进一步张开，比较机构的滑套上升；在转换机构的杠杆作用下，调节阀开度变小，蒸汽流量 q 随之下降，使 n 降低逐渐趋向原给定值。反之亦然。这套装置实现了转速 n 的反馈控制。

本章小结

（1）介绍了控制工程理论的发展简单历程、自动控制的定义、自动控制原理——"检测偏差，纠正偏差"。

（2）介绍了控制系统的分类——恒值控制、程序控制、随动控制；控制系统的组成部分——给定元件、反馈元件、比较元件、放大元件、执行元件、校正元件、被控对象。控制系统中，比较元件、放大元件、执行元件和反馈元件等共同起控制作用，统称为控制器。

（3）介绍了对控制系统的基本要求——稳定性、快速性、准确性。

（4）讲解了两个实际生产中的控制系统例子，进一步深化对自动控制系统的理解。

习题

1-1 试解释开环控制系统和闭环控制系统的区别。

1-2 简述对控制系统的基本要求。

1-3 试结合一个生活中的实际例子，解释自动控制中"检测偏差，消除偏差"的原理。

1-4 找出几个生活中开环控制和闭环控制的例子，并说明其工作原理。

1-5 日常生活中常见的抽水马桶为一个典型的闭环控制的例子，仔细思考后说明：

① 该系统的工作原理。

② 该系统的输入量是什么，由哪个装置来给定？系统的输出量是什么？

③ 该系统的反馈装置由什么构成？

④ 画出系统的控制框图。

1-6 题1-6图为电机速度控制系统工作原理图，试问如何连接，才能将其构成一个负反馈控制系统？画出系统控制框图。

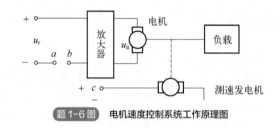

题1-6图 电机速度控制系统工作原理图

1-7 题1-7图是水箱水位控制系统原理图，图中，Q_1、Q_2分别为进水流量和出水流量。该系统控制的目的是保持水箱水位在一恒定的高度。试说明该系统的工作原理并画出其控制框图。

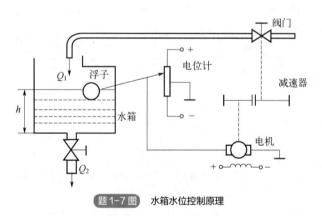

题1-7图 水箱水位控制原理

1-8 题1-8图为某大门开闭自动控制系统工作原理图，试分析系统的工作原理，绘制系统的控制框图，指出各实际元件的功能及输入量、输出量。

1-9 题1-9图为炉温控制系统工作原理图，试分析系统温度自动控制原理，并画出控制原理框图。

1-10 题1-10图为温度自动记录仪控制系统工作原理图，记录笔所记录的是被测温度的变化，该温度由热电偶采集自现场。试说明其控制原理并画出原理框图，判断该系统是恒值控制系统还是随动系统?

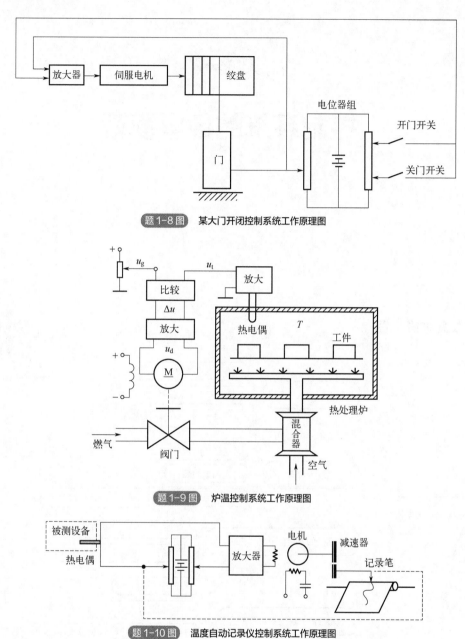

第2章

控制系统的数学模型

 本章思维导图

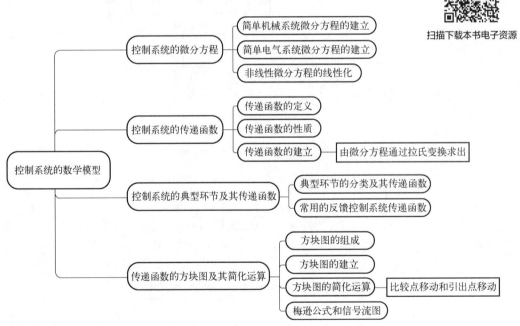

扫描下载本书电子资源

本章学习目标

（1）了解系统数学模型的定义。

（2）掌握系统微分方程的列写方法，会列写简单系统的微分方程。

（3）了解和掌握控制系统传递函数的定义及其基本求取方法。

（4）了解和掌握控制系统典型环节的定义及其传递函数。

（5）掌握反馈系统的几种常用传递函数及其推导过程。

（6）掌握传递函数方块图的定义及其建立方法。

（7）会对复杂方块图进行简化并求取系统传递函数。

（8）会使用梅逊公式求取系统传递函数。

为了分析控制系统的动态特性，必须建立系统的数学模型。控制系统数学模型的实质就是描述系统的输入信号、输出信号与系统的结构和内部参数之间关系的数学表达式。控制理论将分析对象视为一个系统，把具体物理量的物理属性剥离，将其视为信号，将系统在信号传递过程中的特性用数学表达式描述出来，就可获得该系统的数学模型。

系统数学模型的表现形式多种多样，工程上常用的主要有微分方程和状态方程（时间域）、传递函数（复数域）、频率特性函数（频率域）以及系统方块图。建立系统数学模型的方法主要有解析法和实验法两种。解析法是对系统各部分的运动机理进行分析，根据物理规律（如电学中的基尔霍夫定律、力学中的牛顿定律或热力学中的热力学定律等）分别列写相应的运动学方程。实验法是人为地给系统施加某种测试信号，记录其输出响应，并用适当的数学模型去近似。本章主要讨论由解析法建立的系统数学模型。

2.1　控制系统的微分方程

许多系统，无论是机械、电气或热力学系统，还是经济学或生物学系统，其动态特性都可以用微分方程来描述。微分方程是描述系统的基本数学模型，是传递函数、频率特性函数的基础。下面用几个简单的例子介绍如何建立系统的微分方程。

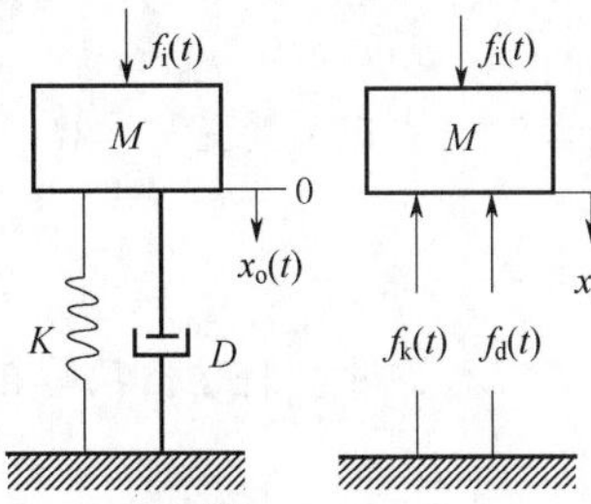

例 2-1　由质量、弹簧和阻尼所组成的机械平移系统如图 2-1 所示，在外力 $f_i(t)$ 的作用下，质量 M 的位移为 $x_o(t)$，试写出系统的运动微分方程。

解：① 明确该系统的输入量与输出量。该系统的输入量为 $f_i(t)$，输出量为 $x_o(t)$

② 根据牛顿第二定律，有

图 2-1　机械平移系统

$$f_i(t) - f_k(t) - f_d(t) = M \frac{d^2 x_o(t)}{dt^2} \tag{2-1}$$

式中，$f_k(t)$ 为弹簧力；$f_d(t)$ 为阻力。

其中，阻力为黏性摩擦阻力，大小与相对运动速度成正比，方向与相对运动速度方向相反，故有

$$f_d(t) = D \frac{dx_o(t)}{dt} \tag{2-2}$$

式中，D 为阻力系数。

其中，弹簧为线性弹簧，满足胡克定律，则有

$$f_k(t) = Kx_o(t) \tag{2-3}$$

③ 消去中间变量。$f_c(t)$ 和 $f_k(t)$ 为中间变量，将式（2-2）和式（2-3）代入式（2-1）中，得

$$M\frac{d^2 x_o(t)}{dt^2} = f_i(t) - D\frac{dx_o(t)}{dt} - Kx_o(t)$$

④ 标准化。将输出项写在等式左边，输入项写在等式右边，得

$$M\frac{d^2 x_o(t)}{dt^2} + D\frac{dx_o(t)}{dt} + Kx_o(t) = f_i(t) \tag{2-4}$$

式中，M、D、K 均为常数，所以该机械平移系统为二阶线性定常系统。

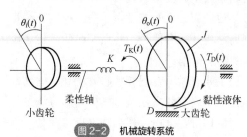

图 2-2　机械旋转系统

例 2-2　图 2-2 是一个机械旋转系统，大小齿轮间由柔性轴相连，柔性轴扭转刚度为 K，大齿轮的转动惯量为 J，黏性液体的阻力系数为 D，系统的输入为小齿轮的转角 $\theta_i(t)$，输出为大齿轮转角 $\theta_o(t)$，试写出在 $\theta_i(t)$ 作用下，系统的运动微分方程。

解： ① 明确该系统的输入量与输出量。该系统的输入量为 $\theta_i(t)$，输出量为 $\theta_o(t)$。

② 对于大齿轮，根据牛顿第二定律，有

$$T_K(t) - T_D(t) = J\frac{d^2\theta_o(t)}{dt^2} \tag{2-5}$$

式中，$T_K(t)$ 为柔性轴对大齿轮施加的扭矩；$T_D(t)$ 为黏性液体对大齿轮施加的阻力矩。

$$T_D(t) = D\frac{d\theta_o(t)}{dt} \tag{2-6}$$

式中，D 为阻力系数。

柔性轴可简化为扭转弹簧，其扭转刚度为 K，则有

$$T_K(t) = K[\theta_i(t) - \theta_o(t)] \tag{2-7}$$

③ 消去中间变量。$T_D(t)$ 和 $T_K(t)$ 为中间变量，将式（2-6）和式（2-7）代入式（2-5）中，得

$$J\frac{d^2\theta_o(t)}{dt^2} = K[\theta_i(t) - \theta_o(t)] - D\frac{d\theta_o(t)}{dt}$$

④ 标准化。将输出项写在等式左边，输入项写在等式右边，得

$$J\frac{d^2\theta_o(t)}{dt^2} + D\frac{d\theta_o(t)}{dt} + K\theta_o(t) = K\theta_i(t) \tag{2-8}$$

式中，J、D、K 均为常数，所以该机械旋转系统为二阶线性定常系统。

例 2-3　由电阻 R、电容 C 和电感 L 组成的电路如图 2-3 所示，其输入电压为 $u_i(t)$，输出电压为 $u_o(t)$，试写出系统的微分方程。

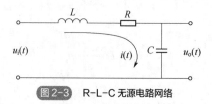

图 2-3　R-L-C 无源电路网络

解： ① 该系统的输入量为 $u_i(t)$，输出量为 $u_o(t)$。

② 根据基尔霍夫定律，有

$$u_i(t) = Ri(t) + L\frac{di(t)}{dt} + u_o(t) \tag{2-9}$$

$$u_o(t) = \frac{1}{C}\int i(t)dt \tag{2-10}$$

③ 消去中间变量。$i(t)$ 为中间变量，由式（2-10）可得

$$i(t) = C\frac{du_o(t)}{dt} \tag{2-11}$$

将式（2-11）代入式（2-9）中，整理得

$$u_i(t) = RC\frac{du_o(t)}{dt} + LC\frac{d^2u_o(t)}{dt^2} + u_o(t)$$

④ 标准化。将输出项写在等式左边，输入项写在等式右边，得

$$LC\frac{d^2u_o(t)}{dt^2} + RC\frac{du_o(t)}{dt} + u_o(t) = u_i(t) \tag{2-12}$$

式中，R、C、L 均为常数，所以该无源网络系统为二阶线性定常系统。

根据例 2-1～例 2-3 可以总结出建立系统微分方程的一般步骤：

① 确定系统的输入量和输出量。

② 从输入端开始，根据各变量遵循的物理定律，依次列出各元件的动态微分方程。

③ 根据所列出的各元件的微分方程消去中间变量，使表达式只出现输入量和输出量。

④ 将表达式标准化。将输入量及其各阶导数写在表达式右边，将输出量及其各阶导数写在表达式左边。

以上讨论是基于系统为线性系统的前提来进行的。实际上，系统总会存在一定程度的非线性因素。例如，机械系统的摩擦；弹簧的刚度会与其变形程度有关；电阻、电容、电感会随着周围环境的变化而变化。所以严格来讲，实际系统的数学模型都是非线性的。非线性微分方程没有通用解法，所以在工程上经常将非线性微分方程在一定的条件下做线性化处理，这样就可以用线性理论来分析和设计系统。这种方法存在误差，但便于进行计算，在工程上得到大量的应用。具体来说，具有连续变化的非线性函数的线性化，可用切线法或小偏差法，在一个小范围内，将非线性特性用一段直线来代替。

（1）单变量非线性函数

设函数 $y = f(x)$ 在 x_0 处连续可微，则可将其在 x_0 附近展开成泰勒级数：

$$Y = f(x) = f(x_0) + f'(x_0)(x - x_0) + \frac{1}{2!}f''(x - x_0) + \cdots\cdots$$

小增量时，可以略去高阶幂次项，则有

$$y = f(x) = f(x_0) + f'(x_0)(x - x_0)$$
$$y - f(x_o) = \Delta y = K\Delta x \tag{2-13}$$

其中，$K = f'(x_0)$。

式（2-13）即为非线性系统的线性化模型，称为增量方程。$y_0 = f(x_0)$ 称为系统的静态方程。增量方程的数学含义就是将参考坐标的原点移到系统或元件的平衡工作点上，对于实际系统就是

以正常工作状态为研究系统运动的起始点，这时，系统所有的初始条件均为零。由于反馈系统不允许出现大的偏差，因此，这种线性化方法对于闭环控制系统具有实际意义。

（2）多变量非线性函数

对于多变量非线性函数 $y=f(x_1, x_2)$，也可用泰勒级数在 (x_{10}, x_{20}) 点附近进行展开，完成其线性化：

$$y = f(x_{10}, x_{20}) + \frac{\partial f}{\partial x_1}\bigg|_{\substack{x_1=x_{10} \\ x_2=x_{20}}} (x_1 - x_{10}) + \frac{\partial f}{\partial x_2}\bigg|_{\substack{x_1=x_{10} \\ x_2=x_{20}}} (x_2 - x_{20})$$

增量方程：

$$y - y_0 = \Delta y = K_1 \Delta x_1 + K_2 \Delta x_2$$

静态方程：

$$y_0 = f(x_{10}, x_{20})$$

式中，

$$K_1 = \frac{\partial f}{\partial x_1}\bigg|_{\substack{x_1=x_{10} \\ x_2=x_{20}}}, \quad K_2 = \frac{\partial f}{\partial x_2}\bigg|_{\substack{x_1=x_{10} \\ x_2=x_{20}}}$$

下面举例来讲解非线性微分方程线性化的过程。

例 2-4 某液位控制系统如图 2-4 所示，其中 $q_i(t)$ 和 $q_o(t)$ 分别为容器进水口和出水口的流量。试建立以 $q_i(t)$ 为输入量，以液位 $H(t)$ 为输出量的系统微分方程。

解： 设液体不可压缩，通过节流阀的液流是湍流。

有

$$A\frac{\mathrm{d}H(t)}{\mathrm{d}t} = q_i(t) - q_o(t)$$

式中，A 为箱体截面积。

$$q_o(t) = \alpha\sqrt{H(t)} = q_o(H)$$

$$A\frac{\mathrm{d}H(t)}{\mathrm{d}t} + \alpha\sqrt{H(t)} = q_i(t)$$

其中，q_o 为 H 的函数。该方程为非线性微分方程。

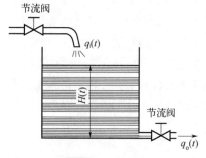

图 2-4　液位系统

设系统的工作平衡点为 (H_0, q_{i0})，则在该点附近 $(H_0 + \Delta H, q_{i0} + \Delta q_i)$ 处有

$$A\frac{\mathrm{d}(H_0 + \Delta H)}{\mathrm{d}t} = (q_{i0} + \Delta q_i) - q_o(H_0 + \Delta H) \tag{2-14}$$

对式（2-14）进行泰勒展开，得

$$A\frac{\mathrm{d}\Delta H}{\mathrm{d}t} = q_{i0} + \Delta q_i - q_o(H_0) - \frac{\partial q_o}{\partial H}\bigg|_{H=H_0} \Delta H \tag{2-15}$$

考虑到 $q_{i0} = q_o(H_0)$，式（2-15）可写为

$$A\frac{\mathrm{d}\Delta H}{\mathrm{d}t} + K\Delta H = \Delta q_{\mathrm{i}} \tag{2-16}$$

式中，

$$K = \left.\frac{\partial q_{\mathrm{o}}}{\partial H}\right|_{H=H_0}$$

式（2-16）即经过线性化后的系统微分方程。

2.2　控制系统的传递函数

建立系统数学模型的目的是对系统的性能进行分析。在已知输入信号及初始条件时，求解微分方程就可以得到系统的输出响应。这种方法比较直观，特别是借助于计算机可以迅速准确地求得结果。但是如果系统的结构改变或某个参数变化时，就要重新列写并求解微分方程。拉氏变换是求解线性微分方程的简便方法。采用拉氏变换，可以将微分方程的求解问题转化为代数方程的求解问题，这样就使计算大为简化。更重要的是，它能把以线性微分方程描述系统的数学模型，转换为在复数域的代数形式的数学模型，即传递函数。传递函数不仅可以表征系统的动态性能，而且可以用来研究系统结构或参数变化对系统性能的影响。传递函数是经典控制理论中最基本和最重要的概念。

2.2.1　传递函数的定义

线性定常系统的传递函数定义为：在零初始条件下，系统输出量的拉氏变换与输入量的拉氏变换之比。

设线性定常系统微分方程为

$$\begin{aligned}
&a_0 c^n(t) + a_1 c^{n-1}(t) + \cdots + a_{n-1}c'(t) + a_n c(t) \\
&= b_0 r^m(t) + b_1 r^{m-1}(t) + \cdots + b_{m-1}r'(t) + b_m r(t)
\end{aligned} \tag{2-17}$$

式中，$r(t)$ 为系统输入量；$c(t)$ 为系统输出量；$m \leqslant n$。

在零初始条件下，对式（2-17）两边进行拉氏变换，整理后可得系统的传递函数：

$$G(s) = \frac{C(s)}{R(s)} = \frac{b_0 s^m + b_1 s^{m-1} + \cdots + b_{m-1}s + b_m}{a_0 s^n + a_1 s^{n-1} + \cdots + a_{n-1}s + a_n} \tag{2-18}$$

式中，s 为复变量。值得注意的是，传递函数是在系统满足零初始条件下定义的。所谓的零初始条件是指：

① $t=0$ 时，输入量及其各阶导数均为 0；

② 输入量施加于系统之前，系统处于稳定的工作状态，即 $t=0$ 时，输出量及其各阶导数也均为 0。

2.2.2　传递函数的性质

传递函数具有以下性质：

① 传递函数是复变量 s 的有理真分式函数，具有复变函数的所有性质，满足 $m \leqslant n$ ，且所有系数均为实数。

② 传递函数是一种用系统参数表示输出量与输入量之间关系的表达式。它只取决于系统或元件的结构和参数，而与输入量的形式无关，也不反映系统内部的任何信息。

③ 传递函数与微分方程具有互通性。只要把系统或元件微分方程中各阶导数用相应阶次的变量 s 代替，就很容易求得系统或元件的传递函数。

④ 传递函数是在零初始条件下定义的，因此，传递函数不能反映系统在非零初始条件下的全部运动规律。

⑤ 传递函数只能表示系统输入量与输出量的关系，无法描述系统内部中间变量的变化情况。

⑥ 传送函数 $G(s)$ 的拉氏反变换是单位脉冲响应函数 $g(t)$ 。

2.2.3　传递函数的建立

系统的传递函数可以由其微分方程通过拉氏变换求出。下面通过两个简单的例子介绍传递函数的建立过程。

例 2-5　试求出图 2-1 所示系统的传递函数。

解： 图 2-1 所示系统的运动微分方程为

$$M \frac{\mathrm{d}^2 x_\mathrm{o}(t)}{\mathrm{d}t^2} + D \frac{\mathrm{d}x_\mathrm{o}(t)}{\mathrm{d}t} + K x_\mathrm{o}(t) = f_\mathrm{i}(t)$$

系统满足零初始条件时，对方程两边做拉氏变换，有

$$M s^2 X_\mathrm{o}(s) + D s X_\mathrm{o}(s) + K X_\mathrm{o}(s) = F_\mathrm{i}(s)$$

由传递函数的定义，可以得其传递函数为

$$G(s) = \frac{X_\mathrm{o}(s)}{F_\mathrm{i}(s)} = \frac{1}{M s^2 + D s + K}$$

例 2-6　试求出图 2-3 所示系统的传递函数。

解： 图 2-3 所示系统的运动微分方程为

$$LC \frac{\mathrm{d}^2 u_\mathrm{o}(t)}{\mathrm{d}t^2} + RC \frac{\mathrm{d}u_\mathrm{o}(t)}{\mathrm{d}t} + u_\mathrm{o}(t) = u_\mathrm{i}(t)$$

系统满足零初始条件时，对方程两边做拉氏变换，有

$$LC s^2 U_\mathrm{o}(s) + RC s U_\mathrm{o}(s) + U_\mathrm{o}(s) = U_\mathrm{i}(s)$$

由传递函数的定义，可以得其传递函数为

$$G(s) = \frac{U_\mathrm{o}(s)}{U_\mathrm{i}(s)} = \frac{1}{LC s^2 + RC s + 1}$$

2.3　控制系统的典型环节及其传递函数

控制系统由许多物理元件组合而成。抛开各种物理元件的具体结构和物理属性，只研究其运动规律和数学模型的共性，就可以将控制系统的基本组成部分划分成为数不多的几种典型环

节。这些典型环节是：微分环节、积分环节、比例环节、一阶惯性环节、振荡环节、一阶微分环节、二阶微分环节和延迟环节。值得注意的是，典型环节是按数学模型的共性划分的，与具体元件不一定是一一对应的。换句话说，典型环节只代表一种特定的运动规律，不一定是一种具体的元件。复杂的控制系统可以由典型环节组合而成。

2.3.1 典型环节的分类及其传递函数

（1）微分环节

微分环节的微分方程和传递函数分别为

$$c(t) = \tau \frac{\mathrm{d}r(t)}{\mathrm{d}t}$$

$$G(s) = \frac{C(s)}{R(s)} = \tau s$$

式中，τ 为微分环节的时间常数。

常见的微分环节有测速发电机，如图 2-5 所示。

测速发电机的微分方程和传递函数分别为

$$u_\mathrm{o}(t) = K_\mathrm{t} \frac{\mathrm{d}\theta_\mathrm{i}(t)}{\mathrm{d}t}$$

$$G(s) = \frac{U_\mathrm{o}(s)}{\Theta_\mathrm{i}(s)} = K_\mathrm{t}s$$

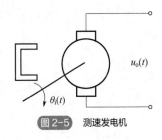

图 2-5　测速发电机

式中，K_t 为电机常数。

（2）积分环节

积分环节的微分方程和传递函数分别为

$$c(t) = \frac{1}{T}\int_0^t r(t)\mathrm{d}t$$

$$G(s) = \frac{C(s)}{R(s)} = \frac{1}{Ts}$$

式中，T 为积分环节的时间常数。

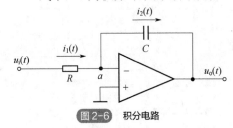

图 2-6　积分电路

典型的积分环节如图 2-6 所示，其微分方程和传递函数分别为

$$RC\frac{\mathrm{d}u_\mathrm{o}(t)}{\mathrm{d}t} = -u_\mathrm{i}(t)$$

$$G(s) = -\frac{1}{RCs} = -\frac{1}{Ts}, \;\; T = RC$$

（3）比例环节

比例环节的微分方程与传递函数分别为

$$c(t) = Kr(t)$$

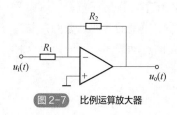

图 2-7　比例运算放大器

$$G(s) = \frac{C(s)}{R(s)} = K$$

式中，K 为比例系数。

典型的比例环节如图 2-7 所示，其传递函数为

$$G(s) = \frac{U_o(s)}{U_i(s)} = -\frac{R_2}{R_1} = K$$

（4）一阶惯性环节

一阶惯性环节的微分方程和传递函数分别为

$$T\frac{\mathrm{d}c(t)}{\mathrm{d}t} + c(t) = r(t)$$

$$G(s) = \frac{C(s)}{R(s)} = \frac{1}{Ts+1}$$

式中，T 为一阶惯性环节的时间常数。

典型的一阶惯性环节如图 2-8 所示，其微分方程和传递函数分别为

$$D\frac{\mathrm{d}x_o(t)}{\mathrm{d}t} + Kx_o(t) = f_i(t)$$

$$G(s) = \frac{X_o(s)}{F_i(s)} = \frac{1}{Ds+K}$$

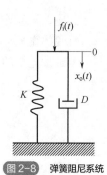

图 2-8　弹簧阻尼系统

（5）振荡环节

振荡环节的微分方程和传递函数分别为

$$T^2\frac{\mathrm{d}^2c(t)}{\mathrm{d}t^2} + 2\zeta T\frac{\mathrm{d}c(t)}{\mathrm{d}t} + c(t) = r(t)$$

$$G(s) = \frac{C(s)}{R(s)} = \frac{1}{T^2s^2 + 2\zeta Ts + 1}$$

式中，T 为振荡环节的时间常数；ζ 为阻尼比。

令 $\omega_n = \dfrac{1}{T}$，可得

$$G(s) = \frac{\omega_n^2}{s^2 + 2\zeta\omega_n s + \omega_n^2}$$

称 ω_n 为系统的固有频率。

典型的振荡环节如图 2-9 所示，其微分方程与传递函数分别为

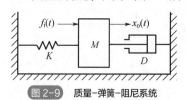

图 2-9　质量-弹簧-阻尼系统

$$M\frac{\mathrm{d}^2x_o(t)}{\mathrm{d}t^2} + D\frac{\mathrm{d}x_o(t)}{\mathrm{d}t} + Kx_o(t) = f_i(t)$$

$$G(s) = \frac{1}{Ms^2 + Ds + K}$$

（6）一阶微分环节

一阶微分环节的微分方程和传递函数分别为

$$c(t) = T\frac{\mathrm{d}r(t)}{\mathrm{d}t} + r(t)$$

$$G(s) = Ts + 1$$

（7）二阶微分环节

二阶微分环节的微分方程和传递函数分别为

$$c(t) = T^2\frac{\mathrm{d}^2r(t)}{\mathrm{d}^2t} + 2T\zeta\frac{\mathrm{d}r(t)}{\mathrm{d}t} + r(t)$$

$$G(s) = T^2s^2 + 2T\zeta s + 1$$

（8）延迟环节

延迟环节的微分方程和传递函数分别为

$$c(t) = r(t - \tau)$$

$$G(s) = \mathrm{e}^{-\tau s}$$

式中，τ 为延迟时间。

2.3.2 常用的反馈控制系统传递函数

实际的控制系统不仅会受到控制输入信号的作用，还会受到干扰信号的作用。图 2-10 为具有扰动作用的闭环系统，图中，$R(s)$ 为控制输入信号，$N(s)$ 为干扰信号，$C(s)$ 为系统的输出信号，$\varepsilon(s)$ 为偏差信号。

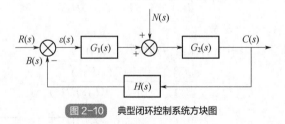

图 2-10　典型闭环控制系统方块图

在图 2-10 中，$R(s)$ 到 $C(s)$ 的信号传递通路称为前向通道，$C(s)$ 到 $B(s)$ 的信号传递通路称为反馈通道。

（1）系统的开环传递函数

将反馈控制系统主反馈通道的输出断开，即 $H(s)$ 的输出通道断开，此时，前向通道传递函数与反馈通道传递函数的乘积称为该反馈控制系统的开环传递函数 $G_K(s)$。

$$G_K(s) = \frac{B(s)}{R(s)} = G_1(s)G_2(s)H(s)$$

（2）系统的闭环传递函数

系统的闭环传递函数可以分成以下几种情况来讨论。

① 只考虑输入信号的作用，即 $R(s) \neq 0$，$N(s)=0$，如图 2-11 所示，系统的闭环传递函数 $G_R(s)$ 为输出信号 $C_R(s)$ 与输入信号 $R(s)$ 之比。

$$G_R(s) = \frac{C_R(s)}{R(s)} = \frac{G_1(s)G_2(s)}{1+G_1(s)G_2(s)H(s)}$$

② 只考虑干扰信号的作用，即 $R(s)=0$，$N(s) \neq 0$，如图 2-12 所示，在干扰信号作用下，系统的闭环传递函数 $G_N(s)$ 为此时系统输出 $G_N(s)$ 与 $N(s)$ 之比。

$$G_N(s) = \frac{C_N(s)}{N(s)} = \frac{G_2(s)}{1+G_1(s)G_2(s)H(s)}$$

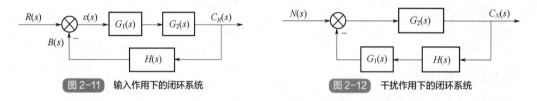

图 2-11　输入作用下的闭环系统　　　　　图 2-12　干扰作用下的闭环系统

③ 输入和干扰同时作用下系统的总输出。根据线性系统的叠加定理，系统在多个输入作用下，其总输出等于各输入单独作用所引起的输出分量的代数和，即

$$C(s) = \frac{G_1(s)G_2(s)R(s)}{1+G_1(s)G_2(s)H(s)} + \frac{G_2(s)N(s)}{1+G_1(s)G_2(s)H(s)}$$

（3）系统的偏差传递函数

① 输入作用下的偏差传递函数。

根据图 2-13，可得输入作用下的偏差传递函数 $G_{\varepsilon R}(s)$ 为

$$G_{\varepsilon R}(s) = \frac{\varepsilon_R(s)}{R(s)} = \frac{1}{1+G_1(s)G_2(s)H(s)} \tag{2-19}$$

② 干扰作用下的偏差传递函数。

根据图 2-14，可得干扰作用下的偏差传递函数 $G_{\varepsilon N}(s)$ 为

$$G_{\varepsilon N}(s) = \frac{\varepsilon_N(s)}{N(s)} = -\frac{G_2(s)H(s)}{1+G_1(s)G_2(s)H(s)} \tag{2-20}$$

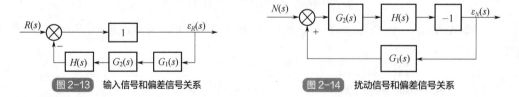

图 2-13　输入信号和偏差信号关系　　　　　图 2-14　扰动信号和偏差信号关系

③　输入和干扰同时作用下系统的总偏差。

利用式（2-19）和式（2-20）可以求得在输入和干扰同时作用下系统的总偏差：

$$\varepsilon(s) = \frac{R(s)}{1+G_1(s)G_2(s)H(s)} - \frac{G_2(s)H(s)N(s)}{1+G_1(s)G_2(s)H(s)}$$

通过观察可以发现，系统的四种闭环传递函数 $G_R(s)$、$G_N(S)$、$G_{\varepsilon R}(S)$、$G_{\varepsilon N}(S)$，其分母相同，均为 $1+G_1(s)G_2(s)H(s)$，即 $1+G(s)H(s)$，为前向通道传递函数和反馈通道传递函数积（开环传递函数）与 1 的和。通常把这个分母多项式称为闭环系统的特征多项式。

2.4 传递函数的方块图及其简化运算

传递函数可以用图形的方式来表达，称为系统的方块图。系统的方块图是描述系统各组成元部件之间信号传递关系的数学图形。系统方块图不仅能形象直观地描述系统的组成和信号的传递方向，而且能清楚地表示系统信号传递过程中的数学关系，在控制理论中应用很广。图 2-15 即为一种典型的系统方块图。

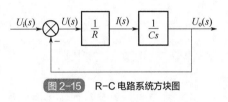
图 2-15　R-C 电路系统方块图

2.4.1 方块图的组成

从图 2-15 中可以看出，系统方块图是由一些方框和带箭头的线段组成。

① 方框：表示从输入到输出单向传输的函数关系，传递函数的图解表达形式如图 2-16 所示。函数方框具有运算功能，即 $C(s)=G(s)R(s)$。

② 信号线：带有箭头的直线，箭头表示信号的流向，如图 2-17 所示。

图 2-16　方框　　　　　　　　　　　　图 2-17　信号线

③ 比较点（求和点或综合点）：两个或两个以上的输入信号进行加减比较的元件，如图 2-18 所示。"+"表示信号相加，"−"表示信号相减，"+"可省略不写。

④ 引出点：表示信号引出的位置，如图 2-19 所示。

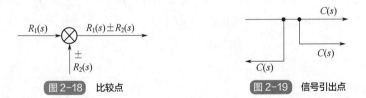

图 2-18　比较点　　　　　　　　　　　图 2-19　信号引出点

2.4.2 方块图的建立

一般来说，系统方块图的建立遵循如下的步骤：

① 明确各个元件的输入和输出信号，建立系统各元件的微分方程。

② 对上述微分方程进行拉氏变换，绘制各元件的函数方块图。

③ 按照信号在系统中的传递过程，依次将各元件的方块图连接起来，得到系统的方块图。

下面以几个简单的例子来说明系统方块图的建立过程。

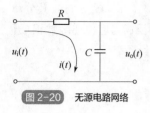

图 2-20　无源电路网络

例 2-7　如图 2-20 所示的无源电路网络，其输入为 $u_i(t)$，输出为 $u_o(t)$，试建立其系统方块图。

解：① 建立各个元件的微分方程

$$Ri(t) = u_i(t) - u_o(t)$$

$$u_o(t) = \frac{1}{C}\int_0^t (t)\mathrm{d}t$$

② 做拉氏变换得

$$RI(s) = U_i(s) - U_o(s) \Rightarrow I(s) = \frac{1}{R}\left[U_i(s) - U_o(s)\right]$$

$$U_o(s) = \frac{1}{Cs}I(s)$$

③ 进而得系统各元件方块图：

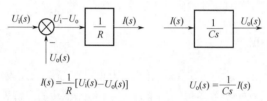

$$I(s) = \frac{1}{R}[U_i(s) - U_o(s)] \qquad U_o(s) = \frac{1}{Cs}I(s)$$

④ 最终的系统方块图如图 2-21 所示。

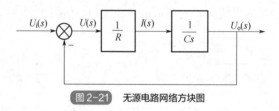

图 2-21　无源电路网络方块图

例 2-8　如图 2-22 所示的质量-弹簧-阻尼系统，其输入为 $f_i(t)$，输出为质量块位移 $x_o(t)$，试求其系统方块图。

解：① 建立各元件微分方程。设 M_1 的位移为 $x(t)$，M_2 的位移为 $x_o(t)$，对系统进行受力分析，如图 2-23 所示，从而建立各元件的微分方程（注意：把每个元件的输入项写在右边，输出项写在左边）。

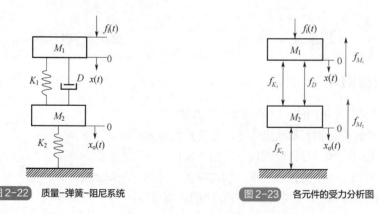

图 2-22　质量-弹簧-阻尼系统　　　　图 2-23　各元件的受力分析图

$$M_1\ddot{x}(t) = f_i(t) - f_D(t) - f_{K_1}(t)$$

$$f_{K_1}(t) = K_1[x(t) - x_o(t)]$$

$$f_D(t) = D\left(\frac{\mathrm{d}x(t)}{\mathrm{d}t} - \frac{\mathrm{d}x_o(t)}{\mathrm{d}t}\right)$$

$$M_2\ddot{x}_o(t) = f_{K_1}(t) + f_D(t) - f_{K_2}(t)$$

$$f_{K_2}(t) = K_2 x_o(t)$$

② 对微分方程做拉氏变换。

$$X(s) = \frac{1}{M_1 s^2}[F_i(s) - F_D(s) - F_{K_1}(s)]$$

$$F_{K_1}(s) = K_1[X(s) - X_o(s)]$$

$$F_D(s) = Ds[X(s) - X_o(s)]$$

$$X_o(s) = \frac{1}{M_2 s^2}[F_{K_1}(s) + F_D(s) - F_{K_2}(s)]$$

$$F_{K_2}(s) = K_2 X_o(s)$$

③ 建立各元件的方块图。

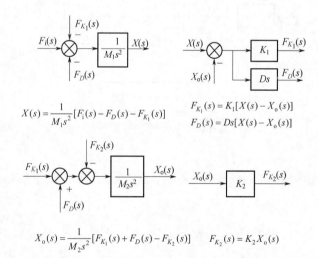

④ 将各元件方块图按信号的流向整合，得到最终的系统方块图，如图 2-24 所示。

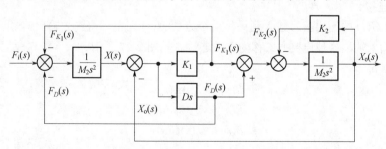

图 2-24　质量-弹簧-阻尼系统方块图

2.4.3 方块图的简化运算

一个复杂的系统方块图,其方块间的连接必然是错综复杂的。为了便于分析和计算,需要将方块图的一些方块按照"等效"的原则进行重新排列和整理,使复杂的方块图得以简化。方块间的基本连接方式有串联、并联和反馈连接三种。因此,方块图简化的一般方法是移动引出点或比较点,将串联、并联和反馈连接的方块合并。在简化过程中应遵循变换前后变量关系保持不变的原则。

(1)系统方块图的基本运算法则

① 串联连接。

串联连接如图2-25所示,其特点为信号流向单一地从输入端流向输出端,没有反馈和分岔。设有 n 个环节串联成一个系统,则有

$$G(s) = \prod_{i=1}^{n} G_i(s)$$

即系统传递函数是各个串联环节传递函数之积。其运算法则如图 2-25 所示。

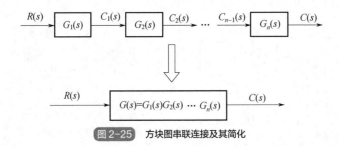

图 2-25　方块图串联连接及其简化

② 并联连接。

各环节的输入信号相同,系统输出为各环节输出的代数和,这种连接方式即为并联连接,其运算法则为

$$G(s) = G_1(s) + G_2(s) + \cdots + G_n(s) = \sum_{i=1}^{n} G_i(s)$$

图 2-26 为并联连接的结构及运用并联运算法则对系统方块图进行简化的过程。

③ 反馈连接。

一个方块 $G(s)$ 的输出信号输入到另外一个方块 $H(s)$ 之中,得到的输出信号返回并作用于方块 $G(s)$ 的输入端,这种连接方式称为反馈连接,如图 2-27 所示。

由图 2-27 可得

$$C(s) = G(s)E(s)$$
$$E(s) = R(s) \mp B(s)$$
$$B(s) = H(s)C(s)$$

进而可知

$$\Phi(s) = \frac{C(s)}{R(s)} = \frac{G(s)}{1 \pm G(s)H(s)}$$

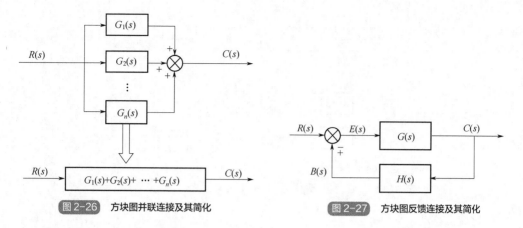

图 2-26　方块图并联连接及其简化

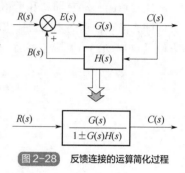

图 2-27　方块图反馈连接及其简化

图 2-28 表明了反馈连接的运算简化过程。

运用方块图的三种基本运算法则，可以直接求出一些简单系统的传递函数。下面用一个简单的例子来说明如何用系统方块图的三种简单运算法则来求系统的传递函数。

例 2-9　试根据图 2-21 无源电路网络方块图求出系统的传递函数。

解：从图 2-21 中可以看出，方块图为串联连接+负反馈连接，故可以先用串联，然后用负反馈连接运算法则求出图 2-21 中的系统传递函数为

图 2-28　反馈连接的运算简化过程

$$\varPhi(s) = \frac{1}{RCs+1}$$

（2）系统方块图的简化法则

对于简单的系统方块图，可以用其基本运算法则直接算出系统的传递函数，但对于如图 2-29 所示的复杂系统方块图，则无法直接计算。为此，必须用系统方块图的简化法则对其进行等效变换，将其简化成简单方块图。方块图的简化主要包括引出点的移动和比较点的移动。这时应注意在移动前后必须保持信号的等效性。信号比较点和引出点之间一般不交换位置。下面分别对两种简化法则进行介绍。

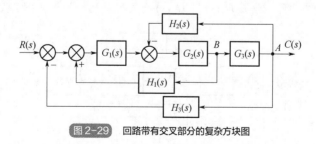

图 2-29　回路带有交叉部分的复杂方块图

① 引出点移动。

引出点的移动有前移和后移之分，表示引出点跨过一个方框进行移动。移动到信号输入端方向即为前移，移动到信号输出端方向即为后移，如图 2-30 所示。由图可知，前移要增加一个方框函数 $G(s)$，后移要增加一个方框函数 $1/G(s)$。

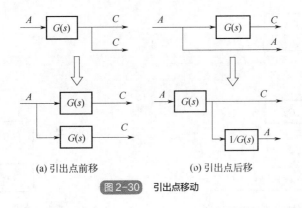

(a) 引出点前移　　　　　　(b) 引出点后移

图 2-30　引出点移动

② 比较点移动。

比较点的移动有前移和后移之分，表示比较点跨过一个方框进行移动，移动到信号输入端方向即为前移，移动到信号输出端方向即为后移，如图 2-31 所示。由图可知，前移要增加一个方框函数 $1/G(s)$，后移要增加一个方框函数 $G(s)$，这与引出点的移动正好相反。

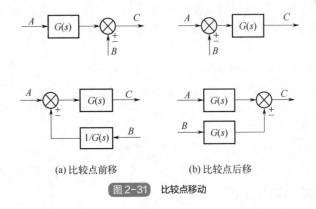

(a) 比较点前移　　　　　　(b) 比较点后移

图 2-31　比较点移动

例 2-10　试根据图 2-29 所示的系统方块图求出系统的传递函数。

解：观察系统方块图，该方块图共有三个回路 $H_1(s)$、$H_2(s)$、$H_3(s)$，其中 $H_1(s)$、$H_2(s)$ 有交叉部分，无法直接运用方块图的三种基本运算法则进行计算，所以需要用简化法则对该方块图进行简化。步骤如下：

① 引出点 A 前移至 B 点。引出点 A 前移至 B 点跨过了方框 G_3，所以其回路上增加了一个方框函数 $G_3(s)$。可以发现，此时 $H_1(s)$、$H_2(s)$ 交叉部分已经消除（图 2-32）。

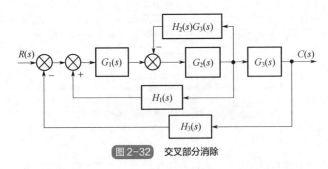

图 2-32　交叉部分消除

② 利用反馈连接运算法则消去 $H_2(s)G_3(s)$、$H_1(s)$、$H_3(s)$ 反馈回路，最后得出系统的闭环传递函数：

$$G(s) = \frac{X_o(s)}{X_i(s)} = \frac{G_1(s)G_2(s)G_3(s)}{1 - G_1(s)G_2(s)H_1(s) + G_2(s)G_3(s)H_2(s) + G_1(s)G_2(s)G_3(s)H_3(s)}$$

在例 2-10 中，如果引出点不是前移而是后移（从 B 点移到 A 点），应该如何做？如果移动比较点又该如何做？这些问题留给读者自行思考解决。

2.4.4　梅逊公式

利用系统方块图的简化法则可以把复杂的方块图简单化，进而可利用三种基本运算法则直接算出系统的传递函数。但是，在处理一些比较复杂的系统时，其简化过程往往非常冗长。能否不经简化直接求出系统的传递函数呢？建立在信号流图基础之上的梅逊公式可以做到这一点。

（1）信号流图

梅逊公式的基础是信号流图，信号流图和系统方块图一样，都是控制系统数学模型的图解形式，而且信号流图的形式更为简单，便于绘制和应用。

信号流图主要由两部分组成：节点和支路。节点表示系统中的变量或信号，用小圆圈表示；支路是连接两个节点的有向线段。支路上的箭头表示信号传递的方向，支路的增益（传递函数）标在支路上。支路相当于乘法器，信号流经支路后，被乘以支路增益而变为另一信号。支路增益为 1 时不标出。

下面介绍信号流图的相关术语：

① 节点：表示变量或信号，其值等于所有进入该节点的信号之和。节点用"o"表示。节点分为输入节点、输出节点和混合节点三种类型。

输入节点（源节点）为只有输出的节点，代表系统的输入变量。图 2-33 中，x_1 为输入节点。

输出节点（阱节点或汇点）为只有输入的节点，代表系统的输出变量。图 2-33 中，x_5 为输出节点。

混合节点为既有输入又有输出的节点。图 2-33 中，x_2、x_3、x_4 为混合节点。

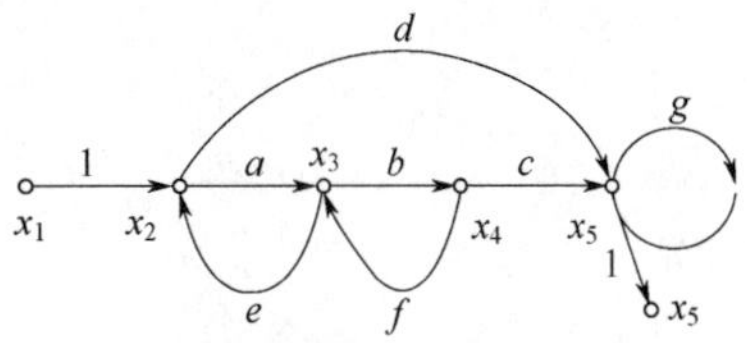

② 支路：连接两个节点的定向线段，用支路增益（传递函数）表示两个节点上各支路变量之间的因果关系。支路相

图 2-33　信号流图

当于乘法器。信号在支路上沿箭头单向传递。图 2-33 中，$x_1 \rightarrow x_2$ 为一支路。

③ 前向通道：从输入节点到输出节点的通路上通过任何节点不多于一次的通路。前向通路上各支路增益之乘积，称前向通路总增益，一般用 P_k 表示。图 2-33 中，$x_1 \rightarrow x_2 \rightarrow x_3 \rightarrow x_4 \rightarrow x_5 \rightarrow x_5$ 为一条前向通道。

④ 回路：起点与终点重合且通过任何节点不多于一次的闭合通路。回路中所有支路增益之乘积称为回路增益，用 L_a 表示。图 2-33 中，$x_2 \rightarrow x_3 \rightarrow x_2$ 为一条回路。

⑤ 不接触回路：相互间没有任何公共节点的回路。图 2-33 中，$x_2 \rightarrow x_3 \rightarrow x_2$ 回路与 $x_5 \rightarrow x_5$ 回路为一对不接触回路。

（2）梅逊公式

在得知系统的信号流图的基础之上，梅逊公式可以在不经任何变换的情况下求取任意复杂

系统的传递函数。梅逊公式的一般形式为

$$P = \frac{1}{\Delta} \sum_{k=1}^{n} P_k \Delta_k$$

式中，P 为系统总传递函数；P_k 为第 k 条前向通路的传递函数（通路增益）；Δ 为流图特征式，$\Delta = 1 - \sum_a L_a + \sum_{b,c} L_b L_c - \sum_{d,e,f} L_d L_e L_f + \cdots$，$\sum_a L_a$ 为所有不同回路的传递函数之和，$\sum_{b,c} L_b L_c$ 为每两个互不接触回路传递函数乘积之和，$\sum_{d,e,f} L_d L_e L_f$ 为每三个互不接触回路传递函数乘积之和；Δ_k 为第 k 条前向通路特征式的余因子，即对于流图的特征式 Δ，将与第 k 条前向通路相接触的回路传递函数代以零值，余下的 Δ 即为 Δ_k。

例 2-11 已知系统的信号流图如图 2-34 所示，试求系统的传递函数。

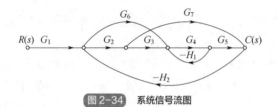

图 2-34 系统信号流图

解：系统有三条前向通道，其增益分别为

$$P_1 = G_1 G_2 G_3 G_4 G_5$$
$$P_2 = G_1 G_2 G_7$$
$$P_3 = G_1 G_6 G_4 G_5$$

回路有四条，其增益分别为

$$L_1 = -G_2 G_3 G_4 G_5 H_2$$
$$L_2 = -G_4 H_1$$
$$L_3 = -G_2 G_7 H_2$$
$$L_4 = -G_6 G_4 G_5 H_2$$

除 L_2 和 L_3 外，其余回路均接触，所以其特征式为

$$\Delta = 1 - (L_1 + L_2 + L_3 + L_4) + L_2 L_3$$

从 Δ 中将与 P_1 接触的回路变为零，可得 $\Delta_1 = 1$，同理可得 $\Delta_2 = 1 - L_2$，$\Delta_3 = 1$。进而得出传递函数为

$$\frac{C(s)}{R(s)} = \frac{1}{\Delta} (P_1 \Delta_1 + P_2 \Delta_2 + P_3 \Delta_3)$$
$$= \frac{G_1 G_2 G_3 G_4 G_5 + G_1 G_6 G_4 G_5 + G_1 G_2 G_7 (1 + G_4 H_1)}{1 + G_4 H_1 + G_2 G_7 H_2 + G_6 G_4 G_5 H_2 + G_2 G_3 G_4 G_5 H_2 + G_4 H_1 G_2 G_7 H_2}$$

2.5 典型控制系统的数学模型

例 2-12 如图 2-35 所示为电动机带动旋转负载的简化模型，试建立其数学模型。

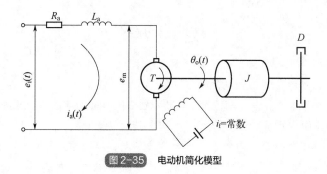

图 2-35　电动机简化模型

解： 根据磁场对载流线圈作用的定律可得：

$$T(t) = K_T i_a(t)$$

根据基尔霍夫定律可得

$$e_i(t) = R_a i_a(t) + L_a \frac{d i_a(t)}{dt} + e_m(t)$$

根据电磁感应定律可得

$$e_m(t) = K_e \frac{d\theta_o(t)}{dt}$$

根据牛顿第二定律可得

$$T(t) - D\frac{d\theta_o(t)}{dt} = J\frac{d^2\theta_o(t)}{dt^2}$$

系统的输入为 $e_i(t)$，输出为 $\theta_o(t)$，对上述 4 个微分方程分别进行拉氏变换并消去中间变量，注意到电枢电感 L_a 较小，可忽略不计，最终得

$$J R_a s^2 \theta_o(s) + (R_a D + K_T K_e) s \theta_o(s) = K_e e_i(s)$$

即其用微分方程表达的数学模型为

$$J R_a \frac{d^2\theta_o(t)}{dt^2} + (R_a D + K_T K_e)\frac{d\theta_o(t)}{dt} = K_e e_i(t)$$

本章小结

（1）介绍了系统数学模型的概念，即描述系统输入量、输出量及系统结构、结构参数关系的数学表达式。

（2）数学模型有两种表达方式：微分方程和传递函数。比较详细地讲述了微分方程的建立步骤；传递函数的定义，传递函数的建立方法；系统的典型环节及其传递函数。

（3）阐述了系统的方块图的定义；方块图的建立步骤；方块图的三种简单运算法则；方块图的等效变换法则以及如何运用方块图的等效变换法则进行复杂方块图的计算。

（4）介绍了信号流图及基于信号流图的梅逊公式。

习题

2-1 试说明控制系统数学模型的定义。

2-2 试说明控制系统传递函数的定义。

2-3 若输入为电流、输出为电压，分别写出如题 2-3 图所示电阻、电容及电感的传递函数。

2-4 写出题 2-4 图中系统的微分方程，并求其传递函数。

2-5 机械力学系统如题 2-5 图所示，K 为弹簧刚度，D 为阻尼器阻尼系数，$x_i(t)$ 为系统的输入信号，$x_o(t)$ 为系统的输出信号，列出系统微分方程并求系统的传递函数。

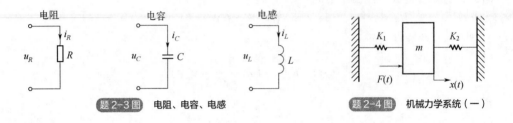

题 2-3 图 电阻、电容、电感   题 2-4 图 机械力学系统（一）

2-6 机械力学系统如题 2-6 图所示，列出系统微分方程并求其传递函数。

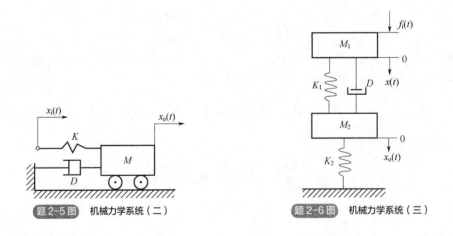

题 2-5 图 机械力学系统（二）   题 2-6 图 机械力学系统（三）

2-7 电路如题 2-7 图所示，试分别建立其微分方程，并求其传递函数。

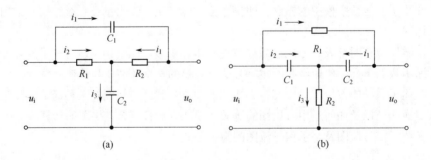

(a)   (b)

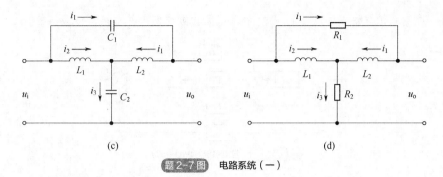

题 2-7 图 电路系统（一）

2-8 试求题 2-8 图所示各电路的传递函数。

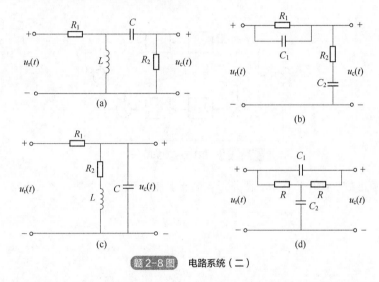

题 2-8 图 电路系统（二）

2-9 有源电路网络如题 2-9 图所示，试写出其微分方程并求出其传递函数。

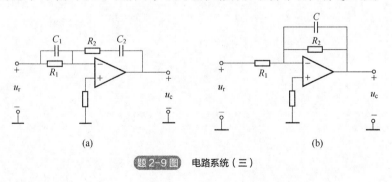

题 2-9 图 电路系统（三）

2-10 控制系统方块图如题 2-10 图所示，试简化方块图，并求出其传递函数。

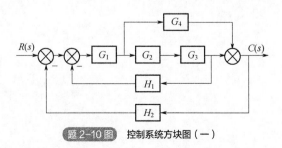

题 2-10 图 控制系统方块图（一）

2-11 控制系统方块图如题 2-11 图所示，试简化方块图，并求出其传递函数。

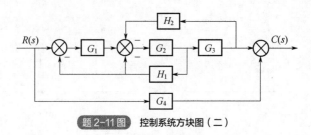

题 2-11 图 控制系统方块图（二）

2-12 控制系统方块图如题 2-12 图所示，试画出其信号流图并用梅逊公式求出它们的传递函数。

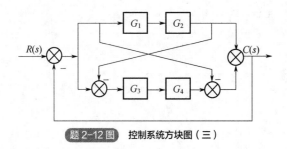

题 2-12 图 控制系统方块图（三）

2-13 试画出题 2-6 的系统方块图并据此画出其信号流图，用梅逊公式求出其传递函数。

第 3 章

控制系统的时域分析法

本章思维导图

扫描下载本书电子资源

本章学习目标

（1）了解和掌握时域分析的定义，掌握典型的时域输入信号，了解和掌握时域分析的定量指标。

（2）掌握一阶和二阶系统的时域分析方法，掌握一阶和二阶系统在不同时域信号作用下的响应。

（3）了解和掌握高阶系统阶跃响应的特点，高阶系统主导极点的概念。

（4）了解系统稳定性的概念，掌握如何利用劳斯判据进行系统的稳定性分析。

（5）了解稳态误差的概念，掌握进行系统稳态误差分析的方法。

通常意义上的系统分析是对系统稳定性、稳态误差和动态特性三方面的性能进行分析，即分析系统的稳定性、准确性和快速性。系统分析的方法有很多，时域分析是其中的一种。时域分析是在时间域内对系统施加一定的输入信号，通过研究系统对输入信号的响应来分析和研究系统的性能。

3.1 典型输入信号及时域性能指标

3.1.1 典型输入信号

在时间域对控制系统进行分析时，为了比较不同控制系统的性能，需要规定一些具有典型意义的输入信号来建立分析比较的基础。这些信号就是典型时域输入信号，具有如下特点：

① 实际中可以实现或近似实现；

② 指的是形式简单，便于对系统响应进行分析；

③ 能反映系统在工作过程中的大部分实际情况；

④ 能够使系统工作在最不利的情形下。

常用的典型输入信号有：阶跃信号、斜坡信号、抛物线信号、脉冲信号、正弦信号等。

（1）阶跃信号

阶跃信号的定义为

图 3-1 阶跃函数

$$r(t) = \begin{cases} 0, & t < 0 \\ A, & t \geq 0 \end{cases} \qquad (3\text{-}1)$$

式中，A 为常数，其图形如图 3-1 所示。

通常阶跃函数可以写成 $r(t) = A \times 1(t)$，其拉氏变换为：

$$R(s) = \frac{A}{s} \qquad (3\text{-}2)$$

当 $A=1$ 时，称为单位阶跃函数，可以写成 $r(t)=1(t)$。

阶跃函数在实际控制系统中是最为常见的信号，如开关闭合后，加在负载上的电压可视为一个阶跃信号。

（2）斜坡信号

斜坡信号（又称速度信号）的定义为

$$r(t)=\begin{cases}0, & t<0 \\ At, & t\geq 0\end{cases} \tag{3-3}$$

其图形如图 3-2 所示。当 $A=1$ 时，称为单位速度信号。

斜坡信号的拉氏变换为

$$R(s)=\frac{A}{s^2} \tag{3-4}$$

图 3-2　斜坡信号

这种函数相当于系统中加入一个按恒速 A 变化的位置信号。

（3）抛物线信号

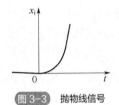

图 3-3　抛物线信号

抛物线信号（又称加速度信号）的定义为

$$r(t)=\begin{cases}0, & t<0 \\ \dfrac{1}{2}At^2, & t\geq 0\end{cases} \tag{3-5}$$

其图形如图 3-3 所示。

其拉氏变换为

$$R(s)=\frac{A}{s^3} \tag{3-6}$$

该信号相当于在系统中加入一个按恒加速度 A 变化的位置信号。

（4）脉冲信号

脉冲信号的定义为

$$r(t)=\begin{cases}0, & t<0, t>t_0 \\ \lim\limits_{\varepsilon\to 0}\dfrac{A}{\varepsilon}, & 0<\varepsilon\leq t_0\end{cases} \tag{3-7}$$

拉氏变换为：$R(s)=A$。当 $A=1$ 时，称为单位脉冲函数，记作 $\delta(t)$，其图形如图 3-4 所示。理想的脉冲函数实际上并不存在。但在实际的控制系统中，可以用其近似表达脉冲电压或瞬间冲击力等物理现象。

（5）正弦信号

正弦信号的定义为

$$r(t)=\begin{cases}0, & t<0 \\ A\sin(\omega t), & t\geq 0\end{cases} \tag{3-8}$$

其拉氏变换为

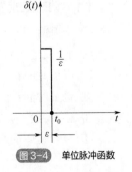

图 3-4　单位脉冲函数

$$R(s) = \frac{A\omega}{s^2 + \omega^2}$$ （3-9）

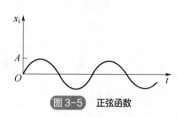

图 3-5 正弦函数

其图形如图 3-5 所示。

在实际的系统中，海浪的冲击、机械的振动和噪声等均可近似地视为一个正弦信号。

在分析系统时，究竟采用哪种典型信号作为输入信号，应根据所研究系统的实际情况而定。例如，室温调节系统、水位调节系统、工作状态突然改变或突然受到恒定输入作用的控制系统，选择阶跃信号为宜；跟踪通信卫星的天线控制系统以及输入信号随时间逐渐变化的控制系统，选择斜坡信号为宜；当输入量为冲击量时，选择脉冲信号为宜；系统的输入有周期变化时，选择正弦信号为宜。

3.1.2 时域性能指标

工程上评定控制系统的优劣主要从快、准、稳三个方面来进行。而定量评价系统时域性能的好坏，必须给出控制系统性能指标的准确定义和定量计算方法。任何一个控制系统的时间响应都由动态过程和稳态过程两部分组成。动态过程一般指系统从初始状态到接近稳态的过程，提供系统快速性和稳定性的相关信息。稳态过程指当时间 t 趋于无穷时系统的输出状态，描述了系统输出复现输入的能力。所以，一般将系统的时域性能指标分为动态性能指标和稳态性能指标两大类。

需要指出的是，控制系统的动态性能指标是建立在系统的单位阶跃响应之上的。典型的控制系统单位阶跃响应曲线如图 3-6 所示。

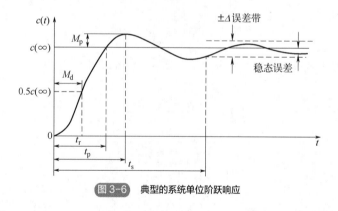

图 3-6 典型的系统单位阶跃响应

（1）动态性能指标

① 上升时间 t_r：响应曲线从零时刻出发首次到达稳态值 $c(\infty)$ 所需时间。对无超调系统，上升时间一般定义为响应曲线从稳态值 $c(\infty)$ 的 10%上升到 90%所需的时间。

② 峰值时间 t_p：响应曲线从零上升越过稳态值 $c(\infty)$ 到第一个峰值所需时间。

③ 调节时间 t_s：响应曲线到达并保持在稳态值 $c(\infty)$ 的误差带 $\pm\Delta$ 范围内所需的最短时间。误差带 Δ 一般取 5%。

④ 最大超调量 M_p：响应曲线的最大峰值与稳态值之差。通常用百分数表示：

$$M_p = \frac{c(t_p) - c(\infty)}{c(\infty)} \times 100\% \tag{3-10}$$

值得指出的是，若 $c(t_p) < c(\infty)$，则该系统为无超调系统。

⑤ 振荡次数 N：指在调节时间 t_s 内系统输出量在稳态值振荡的次数。次数少表明稳定性好。

在上述的各个动态指标中，调节时间 t_s 综合反映了响应速度和阻尼程度，是一个综合的指标；上升时间 t_r 和峰值时间 t_p 反映响应速度；最大超调量 M_p 反映系统的阻尼程度和响应的平稳性。

（2）稳态性能指标

稳态性能指标用稳态误差 e_{ss} 表达。稳态误差指当时间趋于无穷大时，系统的实际输出值和理想输出值之差。稳态误差是系统控制精度的度量。

3.2　一阶系统的时间响应分析

一阶系统是指可以用一阶微分方程描述的系统。在控制工程中，一阶系统运用得较为广泛，如液位控制系统、恒温箱控制系统和小功率直流电机调速系统等均为一阶系统。

3.2.1　一阶系统的数学模型

一阶系统的微分方程为

$$T\frac{dc(t)}{dt} + c(t) = r(t) \tag{3-11}$$

式中，T 表示系统的时间常数，代表系统的惯性；$r(t)$ 表示系统的输入量；$c(t)$ 表示系统的输出量。

在系统满足零初始条件下，其传递函数为

$$\frac{C(s)}{R(s)} = \frac{1}{Ts+1} \tag{3-12}$$

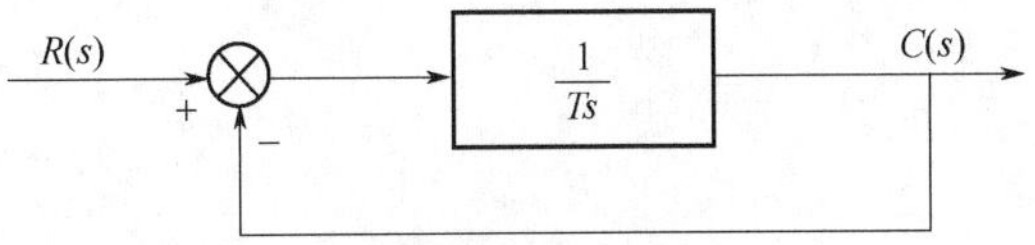

图 3-7　一阶系统方块图

上述微分方程及传递函数即为一阶系统的数学模型。通常一阶控制系统的典型结构图如图 3-7 所示。

3.2.2　一阶系统的典型时间响应分析

（1）一阶系统的单位阶跃响应

当输入信号为单位阶跃信号，即 $r(t) = 1(t)$，此时 $R(s) = \dfrac{1}{s}$，系统输出量的拉氏变换式为

$$C(s) = \frac{1}{s(Ts+1)} = \frac{1}{s} - \frac{1}{s + \dfrac{1}{T}} \tag{3-13}$$

对式（3-13）左右两边求拉氏逆变换，得到输出量 $c(t)$ 的时域表达式：

$$c(t) = 1 - e^{-\frac{t}{T}}, \quad t \geqslant 0 \tag{3-14}$$

观察式（3-14），可以发现 $c(t)$ 由两部分组成，其一为与时间 t 无关的稳态分量 1，其二为与时间 t 有关的指数项（动态分量），当 $t \to \infty$ 时，动态分量收敛到 0，输出量的稳态值为 1，与输入量相等，系统无稳态误差。系统的单位阶跃响应曲线如图 3-8 所示。

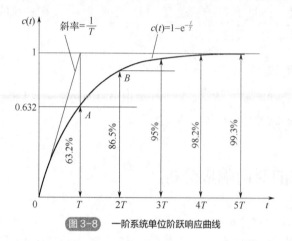

图 3-8　一阶系统单位阶跃响应曲线

由此可见，一阶系统的单位阶跃响应具有非周期性且无振荡的特点。由式（3-14）可知，时间常数 T 为一阶系统唯一的结构参数。在 $t=0$ 时刻，输出响应曲线的斜率为

$$\left. \frac{\mathrm{d}c(t)}{\mathrm{d}t} \right|_{t=0} = \frac{1}{T}$$

这表明，如果一阶系统单位阶跃响应曲线按此斜率（初始速度等速）从 0 点上升至稳态值，那么所需时间恰好为时间常数 T。所以减少时间常数，可以提高系统响应的初始速度。同时，由图 3-8 还可知，输出量 $c(t)$ 的值与时间常数 T 的关系：

$$t = T, \quad c(t) = 0.632$$
$$t = 2T, \quad c(t) = 0.865$$
$$t = 3T, \quad c(t) = 0.950$$
$$t = 4T, \quad c(t) = 0.982$$

$c(t)$ 的值与时间常数 T 的关系表明，可以通过实验对一阶系统进行辨识，并测出一阶系统的结构参数 T。通常工程中，当响应曲线达到并保持在稳态值的 95%～98% 时，认为系统瞬态响应过程基本结束，进入稳态响应过程。一阶惯性环节的瞬态响应过程时间为 $3T$～$4T$。根据系统动态性能指标的定义可知，一阶系统不存在超调量 M_p 和峰值时间 t_s，其调节时间为

$$t_s = 3T, \quad \Delta = 5\%$$
$$t_s = 4T, \quad \Delta = 2\%$$

因此，可以认为时间常数 T 描述了一阶系统响应的快慢，即 T 越大调节时间 t_s 越大，系统响应越慢；T 越小系统调节时间 t_s 越小，系统响应越快。从图 3-8 还可以看出，一阶系统在输入为阶跃信号的情况下，其稳态误差为 0。

如果系统的输入 $x_i(t) = A \times 1(t)$，则系统的输出为

$$c(t) = A\left(1 - e^{-\frac{t}{T}}\right), \quad t \geqslant 0$$

例3-1　一阶系统方块图如图3-9所示。①如果$K=1$，试求系统的调节时间t_s。②如果$\Delta = 2\%$，且要求$t_s \leqslant 0.2\text{s}$，求反馈系数$K$的取值范围。

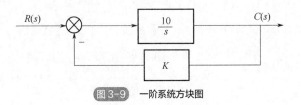

图3-9　一阶系统方块图

解：①当$K=1$时，系统的闭环传递函数为

$$G(s) = \frac{C(s)}{R(s)} = \frac{\dfrac{10}{s}}{1 + \dfrac{10}{s}} = \frac{1}{0.1s + 1}$$

对比一阶系统传递函数的标准表达式，可知$T=0.1\text{s}$。

所以，该系统调节时间为

$$t_s = 3T = 0.3\text{s}，\quad \Delta = 5\%$$

$$t_s = 4T = 0.4\text{s}，\quad \Delta = 2\%$$

② 当K未知时，该系统的闭环传递函数表达式为

$$G(s) = \frac{C(s)}{R(s)} = \frac{\dfrac{10}{s}}{1 + \dfrac{10K}{s}} = \frac{\dfrac{1}{K}}{\dfrac{0.1}{K}s + 1}$$

此时系统时间常数为

$$T = \frac{0.1}{K}s$$

依题意，如果$\Delta = 2\%$，此时有

$$t_s = 4T = \frac{0.4}{K} \leqslant 0.2\text{s}$$

所以

$$K \geqslant 2$$

（2）一阶系统的单位速度响应

当输入为单位速度信号$r(t)=t$时，系统的响应称为单位速度响应。此时输入信号的拉氏变换为$R(s) = \dfrac{1}{s^2}$，系统输出$C(s)$的拉氏变换表达式为

$$C(s) = \frac{1}{Ts+1} \times \frac{1}{s^2} = \frac{1}{s^2} - \frac{T}{s} + \frac{1}{s + \dfrac{1}{T}} \tag{3-15}$$

对式（3-15）进行拉氏逆变换，最终结果为

$$c(t) = t - T + Te^{-\frac{t}{T}}, \quad t \geqslant 0 \tag{3-16}$$

观察式（3-16），可发现系统输出可以分为两部分，即 $t-T$ 和 $Te^{-\frac{t}{T}}$，通常把 $t-T$ 称为稳态分量，把 $Te^{-\frac{t}{T}}$ 称为暂态分量（动态分量）。一阶系统的单位速度响应信号曲线如图3-10所示。

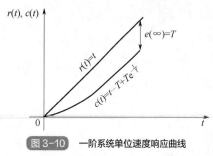

图 3-10 一阶系统单位速度响应曲线

由式（3-16）可知，当时间 $t \to \infty$ 时，暂态分量 $Te^{-\frac{t}{T}}$ 为零，则系统的稳态输出为 $t-T$，系统的稳态输出量与输入量差值可表示为

$$e_{ss} = \lim_{t \to \infty}[t-(t-T+Te^{-\frac{t}{T}})] = T \tag{3-17}$$

式中，e_{ss} 称为系统的稳态误差，这表明一阶系统在跟踪单位速度信号时，会有一个跟踪误差，其值与系统的时间常数 T 相等。

如果输入信号为非单位速度函数，即 $r(t)=At$，则有

$$c(t) = A(t - T + Te^{-\frac{t}{T}}), \quad t \geqslant 0 \tag{3-18}$$

系统的稳态误差为

$$e_{ss} = \lim_{t \to \infty}[At - A(t-T+Te^{-\frac{t}{T}})] = AT \tag{3-19}$$

（3）一阶系统的单位加速度响应

当系统的输入信号为 $r(t) = \dfrac{1}{2}t^2$，即单位加速度信号时，系统的响应称为单位加速度响应。此时，输入信号 $r(t)$ 的拉氏变换为 $R(s) = \dfrac{1}{s^3}$，系统输出的拉氏变换表达式为

$$C(s) = \frac{1}{Ts+1} \times \frac{1}{s^3} = \frac{1}{s^3} - \frac{T}{s^2} + \frac{T^2}{s} - \frac{T^2}{s+\dfrac{1}{T}} \tag{3-20}$$

对式（3-20）进行拉氏逆变换，可得

$$c(t) = \frac{1}{2}t^2 - Tt + T^2(1-e^{-\frac{t}{T}}), \quad t \geqslant 0 \tag{3-21}$$

从式（3-21）可以看出，系统的稳态误差为

$$e_{ss} = \lim_{t \to \infty}\left\{\frac{1}{2}t^2 - \left[\frac{1}{2}t^2 - Tt + T^2(1-e^{-\frac{t}{T}})\right]\right\} = Tt \tag{3-22}$$

式（3-22）表明，当时间 $t \to \infty$ 时，系统的稳态误差趋于无穷大。说明一阶系统无法对加速度信号进行有效的跟踪。

（4）一阶系统的单位脉冲响应

当系统的输入信号为 $r(t) = \delta(t)$，即单位脉冲信号时，其输出响应即为单位脉冲响应。此时，输入信号 $r(t)$ 的拉氏变换式为

$$R(s) = 1$$

其输出信号的拉氏表达式为

$$C(s) = \frac{1}{Ts+1} \tag{3-23}$$

对式（3-23）做拉氏逆变换，得输出信号的时域表达式为

$$c(t) = \frac{1}{T}\mathrm{e}^{-\frac{t}{T}} \tag{3-24}$$

从式（3-24）可知，系统的单位脉冲输出响应仅包含暂态分量，其相应的图形如图 3-11 所示。

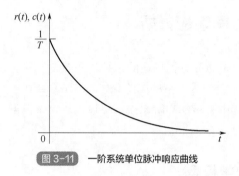

图 3-11　一阶系统单位脉冲响应曲线

上述 4 种信号之间是有相互联系的，可以将 4 种信号及其对应的一阶系统响应信号进行对比，如表 3-1 所示。

表 3-1　一阶系统的输入信号与输出信号的对应关系

时间响应	输入信号 $x_i(t)$	响应信号 $x_o(t)$	稳态误差 e_{ss}
一阶系统的单位脉冲响应	$\delta(t)$	$\frac{1}{T}\mathrm{e}^{-\frac{t}{T}}$	—
一阶系统的单位阶跃响应	$1(t)$	$1-\mathrm{e}^{-\frac{t}{T}}$	0
一阶系统的单位速度响应	t	$t-T+T\mathrm{e}^{-\frac{t}{T}}$	T
一阶系统的单位加速度响应	$\frac{1}{2}t^2$	$\frac{1}{2}t^2-Tt+T^2(1-\mathrm{e}^{-\frac{t}{T}})$	Tt

注意到，输入信号 $\delta(t)$、$1(t)$、t、$\frac{1}{2}t^2$ 之间的关系为

$$\delta(t) = \frac{\mathrm{d}}{\mathrm{d}t}\big[1(t)\big]$$
$$1(t) = \frac{\mathrm{d}}{\mathrm{d}t}(t) \tag{3-25}$$
$$t = \frac{\mathrm{d}}{\mathrm{d}t}\left(\frac{1}{2}t^2\right)$$

相对应的输出信号关系为

$$c_\delta(t) = \frac{\mathrm{d}}{\mathrm{d}t}c_1(t)$$
$$c_1(t) = \frac{\mathrm{d}}{\mathrm{d}t}c_t(t) \tag{3-26}$$
$$c_t(t) = \frac{\mathrm{d}}{\mathrm{d}t}c_{t^2}(t)$$

式中，$c_\delta(t)$、$c_1(t)$、$c_t(t)$、$c_{t^2}(t)$ 分别为与 $\delta(t)$、$1(t)$、t、$\frac{1}{2}t^2$ 相对应的响应信号。

式（3-25）与式（3-26）表明，一阶系统对输入信号导数的响应等于系统对该输入信号响应的导数。这是线性定常系统的一个重要特性，对于任意阶次的线性定常系统都适用。这意味着在考察线性定常系统的典型响应信号时，不必对每种信号的响应都进行计算，只需求出其中任意一种信号的响应即可，其他典型信号的响应可以根据上面的关系求得。

3.3　二阶系统的时间响应分析

二阶系统指的是能用二阶微分方程描述的系统，如图 2-3 所示的 R-L-C 无源电路网络和图 2-9 所示的质量-弹簧-阻尼系统即为典型的二阶系统。二阶系统在控制工程上的应用比一阶系统更加具有代表性。因为工程中大量的高阶系统都可以在一定条件下简化为二阶系统进行处理，所以研究二阶系统具有重要意义。

3.3.1　二阶系统的数学模型

二阶控制系统的微分方程可以表示为

$$\frac{d^2}{dt^2}c(t) + 2\zeta\omega_n \frac{d}{dt}c(t) + \omega_n c(t) = \omega_n^2 r(t) \tag{3-27}$$

式中，$c(t)$ 为输出信号；$r(t)$ 为输入信号；ω_n 为固有角频率，也称为系统无阻尼自由振荡角频率，单位为 rad/s；ζ 为系统阻尼比，为无量纲系数（也称为系统相对阻尼系数）。在系统满足零初始条件下，对式（3-27）两边进行拉氏变换，可得二阶系统的标准传递函数的形式：

$$G(s) = \frac{\omega_n^2}{s^2 + 2\zeta\omega_n s + \omega_n^2} \tag{3-28}$$

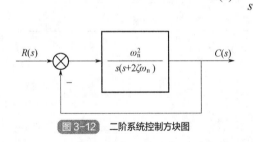

令 $T = \dfrac{1}{\omega_n}$，T 为系统的无阻尼自由振荡周期。

二阶系统的标准传递函数的另一种表达形式为

$$G(s) = \frac{1}{T^2 s^2 + 2\zeta Ts + 1} \tag{3-29}$$

图 3-12　二阶系统控制方块图

典型的二阶系统的控制方块图如图 3-12 所示。

3.3.2　二阶系统的单位阶跃响应分析

与前述的一阶系统类似，当二阶系统的输入信号为单位阶跃信号时，其响应信号称为二阶系统的单位阶跃响应。本章只分析二阶系统的单位阶跃响应，其他的典型响应可以由单位阶跃响应求出。

设系统满足零初始条件，输入为单位阶跃信号 $r(t) = 1(t)$，其拉氏变换式为 $\dfrac{1}{s}$，则系统的输出拉氏变换式为

$$C(s) = \frac{\omega_n^2}{s^2 + 2\zeta\omega_n s + \omega_n^2} \times \frac{1}{s} \qquad (3\text{-}30)$$

对式（3-30）做拉氏变换，其结果可以根据系统特征方程 $s^2 + 2\zeta\omega_n s + \omega_n^2 = 0$ 的根分成几种情况讨论。该系统的两个特征方程的根 $s_{1,2} = -\zeta\omega_n \pm \omega_n\sqrt{\zeta^2 - 1}$，其在复数域的分布情况与阻尼比 ζ 的大小有关。

（1）欠阻尼状态 $0 < \zeta < 1$

此时特征方程有一对共轭的复根，即系统的极点是一对共轭的复数，其在复数平面的分布情况如图 3-13 所示。

此时系统的传递函数可以写成

$$G(s) = \frac{C(s)}{R(s)} = \frac{\omega_n^2}{(s + \zeta\omega_n + j\omega_d)(s + \zeta\omega_n - j\omega_d)}$$

式中，$\omega_d = \omega_n\sqrt{1 - \zeta^2}$，为系统的有阻尼振荡角频率。则式（3-30）可以展开为

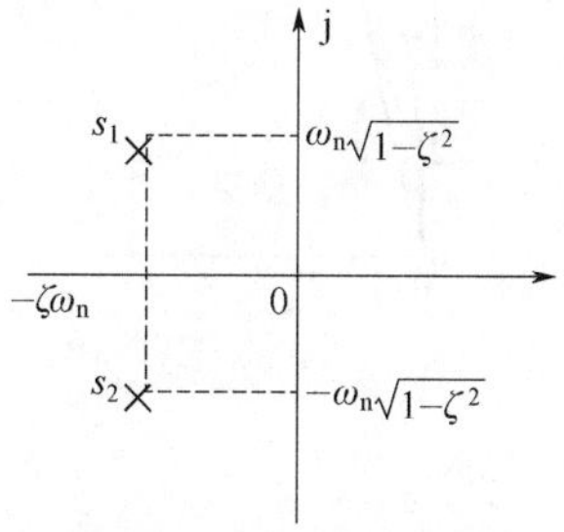

图 3-13　欠阻尼二阶系统极点分布

$$C(s) = \frac{1}{s} - \frac{s + \zeta\omega_n}{(s + \zeta\omega_n)^2 + \omega_d^2} - \frac{\zeta\omega_n}{(s + \zeta\omega_n)^2 + \omega_d^2} \qquad (3\text{-}31)$$

对式（3-31）进行拉氏逆变换，结果为

$$c(t) = 1 - e^{-\zeta\omega_n t}\cos(\omega_d t) - \frac{\zeta}{\sqrt{1 - \zeta^2}}e^{-\zeta\omega_n t}\sin(\omega_d t) \qquad (3\text{-}32)$$

式（3-32）可进一步简化为

$$c(t) = 1 - \frac{e^{-\zeta\omega_n t}}{\sqrt{1 - \zeta^2}}\sin(\omega_d t + \theta) \qquad (3\text{-}33)$$

式中，$\theta = \arctan\dfrac{\sqrt{1 - \zeta^2}}{\zeta}$，为相位角。从式（3-33）可知，当系统处于欠阻尼状态时（$0 < \zeta < 1$），系统单位阶跃响应由稳态分量和动态分量两部分组成。动态分量为一衰减正弦振荡，当 $t \to \infty$ 时，收敛为零，此时输出量等于输入量。典型的欠阻尼二阶系统响应曲线如图 3-14 所示。

需要指出的是，在欠阻尼情况下，二阶系统的单位阶跃响应是以 ω_d（有阻尼振荡角频率）为角频率的衰减振荡，且随 ζ 的减小其振荡幅值加大，如图 3-14 所示。

（2）无阻尼状态 $\zeta = 0$

此时特征方程有一对共轭虚根，其分布情况如图 3-15 所示。

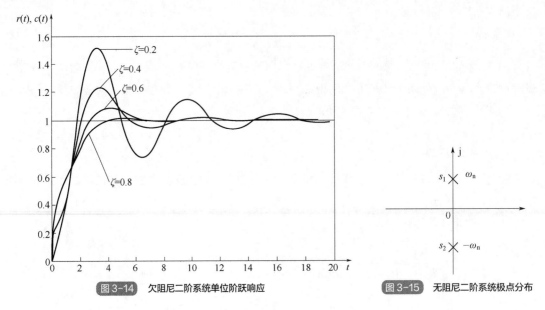

图 3-14　欠阻尼二阶系统单位阶跃响应　　　　　图 3-15　无阻尼二阶系统极点分布

此时有

$$G(s) = \frac{C(s)}{R(s)} = \frac{\omega_n^2}{s^2 + \omega_n^2}, \quad C(s) = \frac{\omega_n^2}{s^2 + \omega_n^2} \times \frac{1}{s} = \frac{1}{s} - \frac{s}{s^2 + \omega_n^2} \tag{3-34}$$

对式（3-34）做拉氏变换，可得

$$c(t) = 1 - \cos(\omega_n t) \tag{3-35}$$

此时系统的单位阶跃响应为无衰减的等幅余弦振荡曲线，且振荡角频率为 ω_n，其图形如图 3-16 所示。

（3）临界阻尼状态 $\zeta = 1$

在临界阻尼状态下，二阶系统有二重负实根，其极点的分布情况如图 3-17 所示。

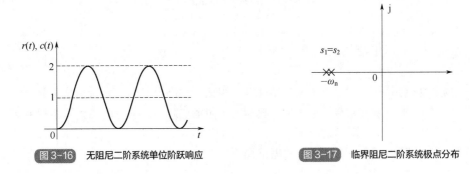

图 3-16　无阻尼二阶系统单位阶跃响应　　　　　图 3-17　临界阻尼二阶系统极点分布

此时，式（3-30）可以写成

$$C(s) = \frac{\omega_n^2}{(s + \omega_n)^2} \times \frac{1}{s} = \frac{1}{s} - \frac{\omega_n}{(s + \omega_n)^2} - \frac{1}{s + \omega_n} \tag{3-36}$$

对式（3-36）做拉氏逆变换，可得

$$c(t) = 1 - \omega_n t \mathrm{e}^{-\omega_n t} - \mathrm{e}^{-\omega_n t} \tag{3-37}$$

此时系统的单位阶跃响应曲线如图 3-18 所示。

观察图 3-18 可知，此时响应曲线无超调，且当 $t \to \infty$ 时，收敛于 1，即此时系统的稳态输出值等于输入值，稳态误差为零。

（4）过阻尼状态 $\zeta > 1$

在过阻尼情况下，系统极点分布情况如图 3-19 所示。

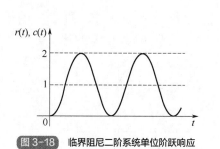

图 3-18　临界阻尼二阶系统单位阶跃响应　　图 3-19　过阻尼二阶系统的极点分布

此时

$$G(s) = \frac{C(s)}{R(s)} = \frac{\omega_n^2}{(s + \zeta\omega_n + \omega_n\sqrt{\zeta^2 - 1})(s + \zeta\omega_n - \omega_n\sqrt{\zeta^2 - 1})} \tag{3-38}$$

式（3-30）可表示为

$$C(s) = \frac{\omega_n^2}{(s + \zeta\omega_n + \omega_n\sqrt{\zeta^2 - 1})(s + \zeta\omega_n - \omega_n\sqrt{\zeta^2 - 1})} \times \frac{1}{s} \tag{3-39}$$

对式（3-39）做拉氏逆变换，可得

$$c(t) = 1 - \frac{1}{2(-\zeta^2 + \zeta\sqrt{\zeta^2 - 1} + 1)}\mathrm{e}^{-(\zeta - \sqrt{\zeta^2 - 1})\omega_n t} - \frac{1}{2(-\zeta^2 - \zeta\sqrt{\zeta^2 - 1} + 1)}\mathrm{e}^{-(\zeta + \sqrt{\zeta^2 - 1})\omega_n t} \tag{3-40}$$

其相应的图形如图 3-20 所示。

观察图 3-18 可知，此时响应曲线无超调，且当 $t \to \infty$ 时，收敛于 1，即此时系统的稳态输出值等于输入值，稳态误差为零。对比图 3-18 和图 3-20 可以发现，过阻尼二阶系统的过渡时间比临界阻尼二阶系统的过渡时间要长。

（5）负阻尼状态 $\zeta < 0$

此时，系统极点具有正的实部，即分布在复数域的右半区，所以输出量 $c(t)$ 表达式里的指数项全部变为正的指数项，其图形如图 3-21 和图 3-22 所示。图 3-21 表示系统极点为共轭负极点的情况，图 3-22 表示系统极点为实数极点的情况。

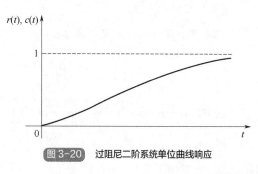

图 3-20　过阻尼二阶系统单位曲线响应

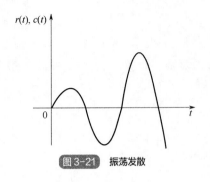

图 3-21 振荡发散

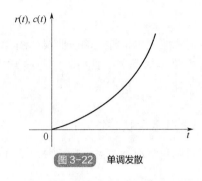

图 3-22 单调发散

以上讨论了二阶系统 5 种单位阶跃响应曲线的情况，其中负阻尼的单位阶跃响应曲线发散，在工程上没有实际意义。图 3-23 表示了二阶系统的单位阶跃响应随阻尼比 ζ 变化的情况。

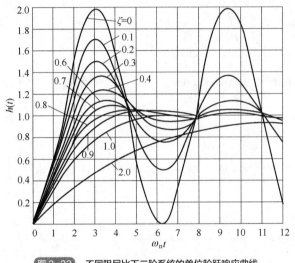

图 3-23 不同阻尼比下二阶系统的单位阶跃响应曲线

3.3.3 二阶系统的动态性能指标分析

由 3.3.2 小节的分析可知，二阶系统的单位阶跃响应随着系统的阻尼比 ζ 的变化而变化。在 ζ 的 5 种情况中，负阻尼的单位阶跃响应曲线发散；零阻尼的输出响应为等幅振荡；阻尼比 $\zeta \geqslant 1$ 时，其响应较慢。在工程上大量应用的是欠阻尼系统（$0 < \zeta < 1$）。动态性能指标用系统的单位响应曲线来定义，如图 3-6 所示。

（1）上升时间 t_r

由前述上升时间的定义及图 3-6 可知，$c(t_r) = 1$。由式（3-33）可得

$$c(t_r) = 1 - \frac{e^{-\zeta \omega_n t}}{\sqrt{1-\zeta^2}} \sin(\omega_d t_r + \theta) = 1$$

式中，$\theta = \arctan \dfrac{\sqrt{1-\zeta^2}}{\zeta}$，$\omega_d = \omega_n \sqrt{1-\zeta^2}$。

得

$$t_r = \frac{\pi - \theta}{\omega_d} = \frac{\pi - \theta}{\omega_n \sqrt{1-\zeta^2}} \tag{3-41}$$

（2）峰值时间 t_p

根据峰值时间 t_p 的定义，对式（3-33）求一阶导数并令其等于零：

$$\frac{\zeta \omega_n e^{-\zeta \omega_n t_p}}{\sqrt{1-\zeta^2}} \sin(\omega_d t_p + \theta) - \frac{\omega_d e^{-\zeta \omega_n t_p}}{\sqrt{1-\zeta^2}} \cos(\omega_d t_p + \theta) = 0$$

由此可得峰值时间 t_p 的表达式为

$$t_p = \frac{\pi}{\omega_d} = \frac{\pi}{\omega_n \sqrt{1-\zeta^2}} \tag{3-42}$$

（3）调节时间 t_s

根据调节时间 t_s 的定义可知

$$\Delta c(t) = c(\infty) - c(t) = \frac{e^{-\zeta \omega_n t}}{\sqrt{1-\zeta^2}} \sin(\omega_d t_s + \theta) \leqslant \Delta$$

式中，Δ 为所规定的误差。为了计算出此时的 t_s，注意到如图 3-24 中响应曲线的两条渐近线，当渐近线进入 Δ 所规定的误差带后，其所对应的时间就是调节时间 t_s，所以有

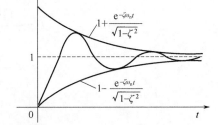

图 3-24　欠阻尼二阶系统单位响应曲线渐近线

$$1 + \frac{e^{-\zeta \omega_n t_s}}{\sqrt{1-\zeta^2}} - 1 = \Delta，\quad 即 \frac{e^{-\zeta \omega_n t_s}}{\sqrt{1-\zeta^2}} = \Delta \tag{3-43}$$

在式（3-43）中，取 $\Delta = 2\%$，则有

$$t_s = \frac{-\ln 0.02 - \ln \sqrt{1-\zeta^2}}{\zeta \omega_n}$$

阻尼比满足关系 $0 < \zeta < 0.9$，可得

$$t_s \approx \frac{-\ln 0.02}{\zeta \omega_n} \approx \frac{4}{\zeta \omega_n} \tag{3-44}$$

若取 $\Delta = 5\%$，则有

$$t_s \approx \frac{-\ln 0.05}{\zeta \omega_n} \approx \frac{3}{\zeta \omega_n} \tag{3-45}$$

（4）超调量 M_p

根据超调量的定义，$M_p = \dfrac{c(t_p) - c(\infty)}{c(\infty)} \times 100\%$，又因为是单位阶跃输入，故 $c(\infty) = 1$，所以有 $M_p = [c(t_p) - 1] \times 100\%$，根据式（3-33）和式（3-42），可以得

$$M_p = e^{-\frac{\zeta \pi}{\sqrt{1-\zeta^2}}} \times 100\% \tag{3-46}$$

显然，最大超调量 M_p 仅与阻尼比 ζ 相关。最大超调量 M_p 直接说明了系统的阻尼特性。ζ 越大，M_p 越小，系统的平稳性越好，当 $\zeta = 0.4 \sim 0.8$ 时，可以求得相应的 $M_p = 25.4\% \sim 1.5\%$。

在以上介绍的几个动态指标中，调节时间 t_s 和超调量 M_p 是在工程上用得最多的两个参数，前者综合表达了系统响应速度和阻尼程度，后者则反映了系统响应的平稳性。如果超调量小，则意味着系统响应比较稳定，但也有可能导致其响应速度变慢。设计系统时，两者之间的关系要协调好。一般来说，控制系统的阻尼比为 $0.4 \sim 0.8$，这个时候的调节时间和超调量比较协调，从理论分析和工程实践来说，阻尼比 ζ 取 0.707 是最佳值。

例 3-2 已知二阶系统的闭环传递函数为 $G(s) = \dfrac{\omega_n^2}{s^2 + 2\omega_n \zeta s + \omega_n^2}$，其中，$\omega_n = 5\text{rad/s}$，$\zeta = 0.6$，试求系统的 t_r、t_p、t_s、M_p。

解： 利用式（3-41）、式（3-42）、式（3-44）、式（3-46）分别进行计算

$$t_r = \frac{\pi - \theta}{\omega_d} = \frac{\pi - \theta}{\omega_n \sqrt{1 - \zeta^2}} = \frac{\pi - 0.93}{4} = 0.55\text{s}$$

其中，$\theta = \arctan \dfrac{\sqrt{1 - \zeta^2}}{\zeta} = 0.93\text{rad}$

$$t_p = \frac{\pi}{\omega_d} = \frac{\pi}{\omega_n \sqrt{1 - \zeta^2}} = \frac{\pi}{4} = 0.785\text{s}$$

$$t_s \approx \frac{-\ln 0.02}{\zeta \omega_n} \approx \frac{4}{\zeta \omega_n} = 1.33\text{s}, \quad \Delta = 2\%$$

$$t_s \approx \frac{-\ln 0.05}{\zeta \omega_n} \approx \frac{3}{\zeta \omega_n} = 1\text{s}, \quad \Delta = 5\%$$

$$M_p = e^{-\frac{\zeta \pi}{\sqrt{1 - \zeta^2}}} \times 100\% = 9.5\%$$

例 3-3 已知某控制系统的传递函数方块图如图 3-25 所示，要求系统具有指标：$t_p = 1$，$M_p = 20\%$，试求确定其参数 K、B。

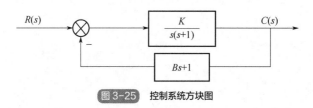

图 3-25 控制系统方块图

解： 控制系统的闭环传递函数为

$$G(s) = \frac{K}{s^2 + (1 + KB)s + K}$$

可见，该系统为二阶系统。与二阶系统的标准形式作比较，得

$$\omega_n^2 = K, \quad 2\zeta \omega_n = 1 + KB$$

已知 $M_p = 20\%$，由超调量的计算式（3-46）可知，$\zeta = 0.456$。由调节时间 t_p 的计算式（3-42）可得 $\omega_n = 3.53\text{rad/s}$。

最终可得 $K = 12.5$，$B = 0.178$。

3.4　高阶系统的时间响应分析

所谓的高阶系统，指的是由三阶及三阶以上的微分方程所描述的控制系统，严格意义上来说，很多控制系统都是高阶系统。但高阶系统的分析比较复杂，在工程上一般都将其简化为二阶系统来进行近似分析。这种分析基于主导极点的概念来进行。下面将围绕这一概念，对高阶系统的阶跃响应过程进行分析。

一般的高阶系统可以分解成若干个一阶惯性环节和二阶振荡环节的叠加，其阶跃响应为这些一阶惯性环节和二阶振荡环节的响应函数线性叠加。对于线性定常高阶系统，其传递函数可表示为

$$\frac{C(s)}{R(s)} = \frac{K(s^m + b_1 s^{m-1} + \cdots + b_{m-1}s + b_m)}{s^n + a_1 s^{n-1} + \cdots + a_{n-1}s + a_n}$$

$$= \frac{K(s^m + b_1 s^{m-1} + \cdots + b_{m-1}s + b_m)}{\prod\limits_{j=1}^{q}(s + p_j)\prod\limits_{k=1}^{r}(s^2 + 2\zeta_k\omega_k s + \omega_k^2)} \tag{3-47}$$

其中，$m \leq n$，$q + 2r = n$。

如果输入为单位阶跃信号，则系统输出的拉氏变换式为

$$C(s) = G(s)R(s)$$

$$= \frac{K(s^m + b_1 s^{m-1} + \cdots + b_{m-1}s + b_m)}{s\prod\limits_{j=1}^{q}(s + p_j)\prod\limits_{k=1}^{r}(s^2 + 2\zeta_k\omega_k s + \omega_k^2)} \tag{3-48}$$

对于最简单的情形，即系统具有不同的极点，则式（3-48）可展开成为

$$C(s) = \frac{\alpha}{s} + \sum_{j=1}^{q}\frac{\alpha_j}{s + p_j} + \sum_{k=1}^{r}\frac{\beta_k(s + \zeta_k\omega_k) + \gamma_k(\omega_k\sqrt{1-\zeta^2})}{(s + \zeta_k\omega_k)^2 + (\omega_k\sqrt{1-\zeta^2})^2} \tag{3-49}$$

对式（3-49）进行拉氏逆变换，可得系统的单位阶跃响应时域表达式为

$$c(t) = \alpha + \sum_{j=1}^{q}\alpha_j e^{-p_j t} + \sum_{k=1}^{r}\beta_k e^{-\zeta_k\omega_k t}\cos\left(\omega_k\sqrt{1-\zeta^2}\right)t + \sum_{k=1}^{r}\gamma_k e^{-\zeta_k\omega_k t}\sin\left(\omega_k\sqrt{1-\zeta^2}\right)t \tag{3-50}$$

观察式（3-50）的构成可以发现，高阶系统的单位阶跃响应实际上与一阶系统和二阶系统一样，也由稳态分量和暂态分量构成，其中，暂态分量由一阶惯性环节和二阶振荡环节的暂态分量叠加而成。当所有极点都位于复数域的左半平面时，式（3-50）收敛于 α，系统稳定。

对于系统的所有极点而言，其分布模式多种多样，可以落在实轴上，也可以是复极点，也可以是零。但就距离虚轴的位置而言，只有远近之分。极点离虚轴越近，则其所对应的衰减项衰减越慢；远离虚轴的极点，所对应的衰减项衰减得快。所以，如果有极点 A 距离虚轴较近，而离它最近的极点距虚轴的距离是 A 点距虚轴距离的 5 倍以上，则可以认为其他极点在系统的响应中所占据的份额可以忽略不计，起主要作用的是极点 A，称其为系统的主导极点。这样可以把系统当成低阶系统来处理。对于高阶系统的简化，可以简单总结如下：

① 高阶系统的时域响应瞬态分量是由一阶惯性环节和二阶振荡环节的响应分量合成。

② 系统瞬态分量的形式由闭环极点的性质决定。

③ 如果所有闭环极点均具有负实部，则所有的瞬态分量将随着时间的增长而不断衰减，最后只有稳态分量。闭环极点均位于复数域左半平面的系统称为稳定系统。

④ 如果闭环极点中有一对或一个极点距离虚轴最近，而其他闭环极点与虚轴的距离都比该极点与虚轴距离大 5 倍以上，则称此对极点为系统的主导极点。

例 3-4 已知系统的闭环传递函数为

$$G(s) = \frac{1.05(0.4762s+1)}{(0.125s+1)(s^2+s+1)(0.5s+1)}$$

求系统的动态特性指标 t_r、t_p、t_s、M_p。

解：

$$G(s) = \frac{1.05(0.4762s+1)}{(0.125s+1)(s^2+s+1)(0.5s+1)}$$

可以写成

$$G(s) = \frac{8(s+2.1)}{(s+8)(s+2)(s^2+s+1)}$$

从而可知系统的零极点分别为

$$z = -2.1, \quad p_1 = -8, \quad p_2 = -2, \quad p_{3,4} = -\frac{1}{2} \pm j\frac{\sqrt{3}}{2}$$

极点 $p_{3,4}$ 满足系统主导极点的要求，极点 p_2 和零点很接近。所以，该高阶系统可以简化为

$G_1(s) = \dfrac{1.05}{s^2+s+1}$，由二阶系统的性能指标计算公式可以计算出 t_r、t_p、t_s、M_p 分别为 1.64s、3.64s、8.8s、16.3%。

3.5 控制系统的稳定性分析

控制系统能够工作的前提是该系统必须是稳定的。本节主要介绍系统稳定性的定义及系统稳定的充要条件，最后介绍判断系统稳定的劳斯判据。

3.5.1 系统稳定性的定义

什么是系统的稳定性？假设控制系统在某一时刻处于一种平衡状态，在实际运行过程中，总会受到外界和内部一些因素的扰动，如负载和能源的波动、参数的变化、环境条件的改变等。如果系统不稳定，就会在任何微小的扰动作用下偏离原来的平衡状态，并随时间的推移，不会回到平衡状态；如果系统是稳定的，受到扰动偏离了原来的平衡状态，但当扰动消失后，经过足够长的时间，系统恢复到原来的平衡状态，则这样的系统是稳定的，或具有稳定性。

下面举例来说明系统稳定性的基本概念。

如图 3-26 所示，图（a）的小球位于光滑碗底，此时处于平衡状态。小球受到扰动时会产生向上的位移，扰动消失后，在重力作用下产生往复的振荡，能量耗尽后回到最初的平衡点，则该系统是稳定的，其响应形式如图 3-27（a）所示；图（b）中的小球在其平衡位置受到一个扰动后，偏离其平衡位置，随着时间的推移，无法回到其最初的平衡位置，则系统不稳定，其响

应形式如图 3-27（b）所示；图（c）中的小球在扰动消失后，做等幅振荡，此系统属于临界稳定系统，其响应形式如图 3-27（c）所示。图 3-28 中的飞机，沿其航线飞行时，若受到气流的影响，其航线沿着 $A \to B \to A'$ 最终回到正常的航线，则其控制系统即为稳定的；若沿着航线 C 飞，偏航越来越大，其控制系统即为不稳定的。总的来说，对于线性系统，系统在初始扰动的影响下，其动态过程随着时间的推移逐渐衰减并趋于零（原平衡工作点），则称该系统为渐近稳定，简称稳定。反之，若在初始扰动影响下，系统的动态过程随时间的推移而发散，则称系统不稳定。

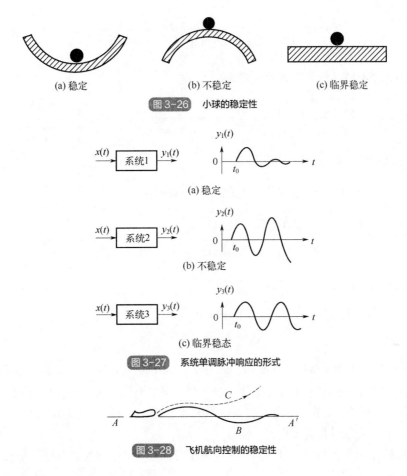

(a) 稳定　　　　　　(b) 不稳定　　　　　　(c) 临界稳定

图 3-26　小球的稳定性

(a) 稳定

(b) 不稳定

(c) 临界稳态

图 3-27　系统单调脉冲响应的形式

图 3-28　飞机航向控制的稳定性

3.5.2　系统稳定的充分必要条件

线性定常系统的微分方程可以表示为

$$a_0 c^{(n)}(t) + a_1 c^{n-1}(t) + \cdots + a_{n-1} c'(t) + a_n c(t)$$
$$= b_0 r^{(m)}(t) + b_1 r^{m-1}(t) + \cdots + b_{m-1} r'(t) + b_m r(t)$$

（3-51）

在非零初始条件，对式（3-51）左右两边做拉氏变换可得

$$D(s)C(s) = M(s)R(s) + M_0(s)$$

（3-52）

式中，$D(s)$ 为系统的特征多项式；$M(s)$ 为输入端多项式；$M_0(s)$ 为与初始条件有关的多项式。由式（3-52）可得

$$C(s) = \frac{M(s)}{D(s)} R(s) + \frac{M_o(s)}{D(s)} \tag{3-53}$$

根据系统稳定性的定义，系统的稳定仅与在零输入条件下，系统对初始条件的响应有关，故有 $r(t)=0$，式（3-53）变为

$$C(s) = \frac{M_o(s)}{D(s)} \tag{3-54}$$

式（3-54）可以写成如下形式：

$$C(s) = \frac{M_o(s)}{D(s)} = \frac{M_o(s)}{\prod_i (s + p_i) \prod_j (s^2 + 2\zeta\omega_n s + \omega_n^2)} \tag{3-55}$$

进而式（3-55）可以展开为部分分式之和

$$C(s) = \frac{M_o(s)}{D(s)} = \sum_i \frac{A_i}{s + \sigma_i} + \sum_j \left(\frac{B_j}{s^2 + 2\zeta_j\omega_j s + \omega_j^2} + \frac{C_j s}{s^2 + 2\zeta_j\omega_j s + \omega_j^2} \right) \tag{3-56}$$

对式（3-56）做拉氏逆变换，可得

$$c(t) = \sum_i A_i \mathrm{e}^{-\sigma_i t} + \sum_j D_j \mathrm{e}^{-\zeta_j\omega_j t} \sin\left(\omega_j \sqrt{1 - \zeta_j^2}\, t + \varphi_j \right) \tag{3-57}$$

由式（3-57）可知，如果系统稳定，必须有

$$\lim_{t \to \infty} c(t) = 0 \tag{3-58}$$

式（3-58）成立，可得

$$\begin{cases} -\sigma_i < 0 \\ -\zeta_j\omega_j < 0 \end{cases} \tag{3-59}$$

而 $-\sigma_i$ 和 $-\zeta_j\omega_j$ 均为系统极点的实部，这意味着，系统稳定的充分必要条件是其极点有负实部，即系统的极点要全部分布在复数域的左半部分。只要有一个极点落在复数域的右半区，则式（3-57）发散，系统不稳定；系统有极点落在虚轴上，由式（3-57）可知，此时系统处于等幅振荡的状态，系统为临界稳定状态。

总之，判别系统是否稳定，可归结为判别系统特征根实部的符号，有如下关系：

① $R_e(p_i) < 0$，稳定；

② $R_e(p_i) > 0$，不稳定；

③ $R_e(p_i) = 0$，临界稳定，工程上这种情况属于不稳定。

3.5.3 劳斯稳定判据

从 3.5.2 小节可知，要判断系统的稳定性，只需要知道系统极点的分布情况即可。也就是说，为此需要求解系统的特征方程。对于一阶和二阶系统不困难，但高阶系统求解其特征方程往往很困难。那么，有没有不需要求解特征方程即可知道系统极点分布的方法？1877 年，英国学者劳斯提出了判断系统稳定性的代数判据，称为劳斯判据。该判据是依据系统特征方程的各项系数进行代数运算，来获得特征根在复平面的分布情况，据此来判断系统的稳定性。劳斯判据的

具体内容如下。

设系统的特征方程为

$$a_n s^n + a_{n-1} s^{n-1} + a_{n-2} s^{n-2} + \cdots + a_1 s + a_0 = 0$$

将特征多项式的各项系数排成劳斯列表，如表 3-2 所示。

表 3-2 劳斯列表

s^n	a_n	a_{n-2}	a_{n-4}	a_{n-6}	...
s^{n-1}	a_{n-1}	a_{n-3}	a_{n-5}	a_{n-7}	...
s^{n-2}	b_1	b_2	b_3	b_4	...
s^{n-3}	c_1	c_2	c_3	c_4	...
$\vdots$	$\vdots$	$\vdots$	$\vdots$	$\vdots$	
s^0	c_1				

在表 3-2 中，$a_n, a_{n-1}, \cdots$ 为特征多项式的系数，排在第一行和第二行，其排列规律是，下标为公差等于 2 的等差数列，第三行以后的各项系数按下列公式进行计算

$$b_1 = \frac{a_{n-1}a_{n-2} - a_n a_{n-3}}{a_{n-1}}, \quad b_2 = \frac{a_{n-1}a_{n-4} - a_n a_{n-5}}{a_{n-1}}, \quad b_3 = \frac{a_{n-1}a_{n-6} - a_n a_{n-7}}{a_{n-1}}, \quad \cdots$$

$$c_1 = \frac{b_1 a_{n-3} - a_{n-1} b_2}{b_1}, \quad c_2 = \frac{b_1 a_{n-5} - a_{n-1} b_3}{b_1}, \quad c_3 = \frac{b_1 a_{n-7} - a_{n-1} b_4}{b_1}, \quad \cdots$$

……

若其系数满足以下要求：

① 特征多项式 s 幂次不缺项，即对于上述特征多项式，从 n 次项到零次项都要有；

② 特征多项式的系数必须全为正，不能出现负号的情况；

③ 在满足前两项的条件下，劳斯列表的第一列全为正数。

如果 3 项全满足，此系统即为稳定系统。如果满足前两项而不满足第 3 项，系统不稳定，同时劳斯列表第一列系数符号改变的次数等于落在复数域右半区极点的个数。

例 3-5 两个系统的特征方程分别为

（1） $$5s^6 + 7s^5 + 3s^4 + 2s^3 + 5s + 5 = 0$$

（2） $$3s^6 + 7s^5 - 3s^4 + 2s^3 + s^2 + 5s + 1 = 0$$

试用劳斯判据分别判别两个系统的稳定性。

解： 观察系统（1），发现方程缺了 s^2 项；观察系统（2），发现 s^4 项系数为负。根据劳斯判据，这两个系统都属于不稳定系统。

例 3-6 设系统的特征方程为

$$s^3 + 3s^2 + 2s + 4 = 0$$

试用劳斯判据判别该系统的稳定性。

解： 观察特征方程，发现不缺项且系数均大于零。

劳斯列表为

s^3	1	2
s^2	3	4
s^1	$\dfrac{2}{3}$	0
s^0	4	0

$$b_1 = \frac{3\times2 - 1\times4}{3} = \frac{2}{3}, \quad b_2 = \frac{3\times0 - 1\times0}{3} = 0, \quad c_1 = \frac{b_1\times4 - 3\times b_2}{b_1} = 4, \quad c_2 = 0$$

劳斯列表第一列均大于零，所以系统稳定。

例 3-7 设系统的特征方程为

$$s^3 + 4s^2 + 100s + 500 = 0$$

试用劳斯判据判别其稳定性。

解: 观察特征方程发现，不缺项且系数均大于零。

劳斯列表为

s^3	1	100
s^2	4	500
s^1	-25	0
s^0	500	0

可以发现，劳斯列表第一列不全为正数，所以系统不稳定。而且由于其符号变化了两次，所以该系统有两个极点落在复数域的右半区。

在计算劳斯列表的过程中往往会出现一些特殊情况，下面介绍如何处理这些特殊情况。

例 3-8 设系统的特征方程为

$$s^4 + 2s^3 + 4s^2 + 8s + 1 = 0$$

试用劳斯判据判别系统的稳定性。

解: 观察特征方程发现，不缺项且系数均大于零。

劳斯列表为

s^4	1	4	1
s^3	2	8	
s^2	$0 \approx \varepsilon$	1	
s^1	$\dfrac{8\varepsilon - 2}{\varepsilon} < 0$	0	
s^0	1		

在计算过程中，劳斯列表第三行第一列出现了零元素，此时系统不稳定，同时导致计算无法继续。处理方法为，用一个任意小的正数 ε 取代 0，继续计算并且观察正数 ε_1 趋于 0 的情况。因为劳斯列表的第一列元素出现了两次符号变化，所以系统有两个具有正实部的极点。

例 3-9 设系统的特征方程为

$$s^5 + s^4 + 4s^3 + 4s^2 + 2s + 2 = 0$$

试用劳斯判据判别系统的稳定性。

解： 观察特征方程发现，不缺项且系数均大于零。

劳斯列表为

s^5	1	4	2
s^4	1	4	2
s^3	0	0	
s^2			
s^1			
s^0			

在计算过程中，劳斯列表第三行全为零，导致计算无法继续。处理方法为，用上一行的元素为系数构造一个辅助多项式 $f(s)$，然后对其求一次导数得 $f'(s)$，用 $f'(s)$ 的系数取代全零行继续计算。对于上述的例子，可得 $f(s)=s^4+4s^2+2$。从而，$f'(s)=4s^3+8s$。将其系数 4、8 取代全零行继续计算，得如下结果：

s^5	1	4	2
s^4	1	4	2
s^3	4	8	
s^2	2	2	
s^1	4		
s^0	2		

此时，劳斯列表第一列的元素全部大于零，没有符号的变化，所以系统没有带正实部的极点。解辅助方程 $f(s)=s^4+4s^2+2=0$ 可知，系统有两对纯虚极点。

在例 3-9 中所出现某行为全零行的情况，意味着系统会出现以下情况：①符号相反且绝对值相同的实根；②有一对纯虚根；③上述两种情况同时出现；④出现两对共轭的复根。

例 3-10 已知单位负反馈系统的开环传递函数为

$$G(s)=\frac{K(s+1)}{s(Ts+1)(5s+1)}$$

求系统稳定时 K 和 T 的取值范围。

解： 系统的闭环传递函数为

$$G(s)=\frac{\dfrac{K(s+1)}{s(Ts+1)(5s+1)}}{1+\dfrac{K(s+1)}{s(Ts+1)(5s+1)}}=\frac{K(s+1)}{s(Ts+1)(5s+1)+K(s+1)}$$

进而可知其特征方程为

$$5Ts^3+(5+T)s^2+(1+K)s+K=0$$

其劳斯列表为

s^3	$5T$	$1+K$
s^2	$5+T$	K
s^1	$\dfrac{(5+T)(1+K)-5TK}{5+T}$	0
s^0	K	

根据劳斯判据，可知系统的稳定条件为

$$T > 0$$

$$K > 0$$

$$(5+T)(1+K) > 5TK$$

最终结果为

$$T > 0$$

$$0 < K < \frac{5+T}{4T-5}$$

3.6 控制系统的稳态误差分析

对于实际控制系统来说，输出量常常不能绝对精确地达到所期望的数值。期望的数值与实际输出量的差值就是误差。与前面讨论的输出量类似，误差也由瞬态误差和稳态误差两部分组成。本节主要讨论稳态误差。所谓稳态误差是指，系统工作在稳定状态时，其实际输出值与预期输出值的差值。

系统的稳态误差是描述系统控制精度的性能指标。在前面章节进行一阶、二阶系统时域分析时，发现在不同输入信号作用下，系统的稳态误差不同。可见系统的稳态误差不仅与系统结构和参数相关，还和输入信号密切相关。本节主要讨论系统稳态误差的计算方法。

3.6.1 稳态误差的概念及计算

考虑如图 3-29 所示的控制系统，设 $c_r(t)$ 为该系统的预期输出值，$c(t)$ 为系统的实际输出值，误差定义为 $e(t) = c_r(t) - c(t)$，误差 $e(t)$ 的拉普拉斯变换为

$$E(s) = C_r(s) - C(s) \tag{3-60}$$

稳态误差的定义为

$$e_{ss} = \lim_{t \to \infty} e(t) \tag{3-61}$$

即系统的期望输出值与实际输出值在 $t \to \infty$ 下的差值，亦是误差信号 $e(t)$ 的稳态分量。

稳态误差如何计算？我们先从误差与偏差的关系入手。观察图 3-29，一般将图中 $\varepsilon(s)$ 称为偏差信号。偏差信号和误差信号既有联系又有区别。因为

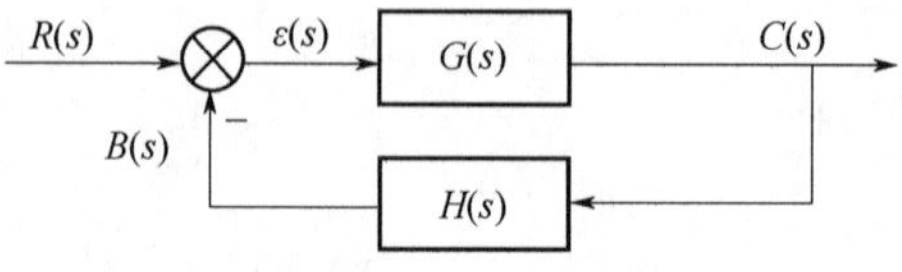

$$\varepsilon(s) = R(s) - B(s) = R(s) - H(s)C(s)$$

当偏差信号 $\varepsilon(s) = 0$，即 $R(s) - H(s)C(s) = 0$ 时，此时的系统输出 $C(s)$ 即为系统的预期输出 $C_r(s)$，有

图 3-29 控制系统的偏差

$$R(s) - H(s)C_r(s) = 0$$

可得 $C_r(s) = \dfrac{R(s)}{H(s)}$。

将该结果代入系统误差的表达式（3-60）中，可得

$$E(s) = \frac{R(s)}{H(s)} - C(s) \tag{3-62}$$

可得系统误差信号与偏差信号的关系为

$$E(s) = \frac{\varepsilon(s)}{H(s)} \tag{3-63}$$

稳态误差一般用拉氏变换的终值定理来进行计算，即

$$e_{ss} = \lim_{t \to \infty} e(t) = \lim_{s \to 0} sE(s) \tag{3-64}$$

对于形如图 3-29 所示的控制系统，其偏差传递函数为

$$\frac{\varepsilon(s)}{R(s)} = \frac{1}{1 + G(s)H(s)} \tag{3-65}$$

由式（3-63）和式（3-65）可得系统误差的拉氏变换式为

$$E(s) = \frac{1}{H(s)} \times \frac{1}{1 + G(s)H(s)} R(s) = \frac{1}{H(s)} \times \frac{1}{1 + G_k(s)} R(s) \tag{3-66}$$

由式（3-64）及式（3-66）可得系统误差的计算公式为

$$e_{ss} = \lim_{s \to 0} s \frac{1}{H(s)} \times \frac{1}{1 + G_k(s)} R(s) \tag{3-67}$$

式中，$H(s)$ 为反馈通道的传递函数；$G(s)$ 为系统前向通道的传递函数；$G_k(s)$ 为系统的开环传递函数。

例 3-11 如图 3-29 所示的控制系统，已知 $H(s)=1$，$G(s) = \dfrac{1}{Ts}$，试分别求该系统在单位阶跃输入、单位速度输入、单位加速度输入下的稳态误差。

解： ① 当输入为单位阶跃信号时，其拉氏变换式为 $R(s) = \dfrac{1}{s}$，将其与 $H(s)=1$，$G(s) = \dfrac{1}{Ts}$ 代入式（3-67），可得

$$e_{ss} = \lim_{s \to 0} s \frac{Ts}{1 + Ts} \times \frac{1}{s} = 0$$

② 当输入为单位速度信号时，其拉氏变换式为 $\dfrac{1}{s^2}$，根据所给条件及式（3-67），可得

$$e_{ss} = \lim_{s \to 0} s \frac{Ts}{1 + Ts} \times \frac{1}{s^2} = T$$

③ 当输入为单位加速度信号时，其拉氏变换式为 $R(s) = \dfrac{1}{s^3}$，根据所给条件及式（3-67），可得

$$e_{ss} = \lim_{s \to 0} s \frac{Ts}{1+Ts} \times \frac{1}{s^3} = \infty$$

例 3-12　已知图 3-30（a）所示的单位反馈控制系统输入为单位阶跃信号，试求其稳态误差。如果系统增加一个积分环节，如图 3-30（b）所示，试求其稳态误差。

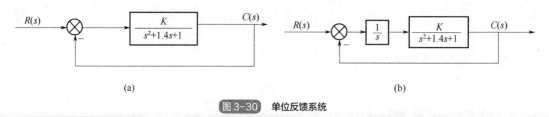

(a)　　　　　　　　　　　　　　　　　　　　　(b)

图 3-30　单位反馈系统

解：对于图 3-30（a），由式（3-67）可得

$$e_{ss} = \lim_{s \to 0} s \frac{1}{H(s)} \times \frac{1}{1+G(s)H(s)} R(s) = \lim_{s \to 0} s \frac{1}{1+G(s)} \times \frac{1}{s}$$

$$= \lim_{s \to 0} s \frac{1}{1 + \dfrac{K}{s^2+1.4s+1}} \times \frac{1}{s} = \lim_{s \to 0} \frac{s^2+1.4s+1}{s^2+1.4s+1+K} = \frac{1}{1+K}$$

对于图 3-30（b），由式（3-67）可得

$$e_{ss} = \lim_{s \to 0} s \frac{1}{H(s)} \times \frac{1}{1+G(s)H(s)} R(s) = \lim_{s \to 0} s \frac{1}{1+G(s)} \times \frac{1}{s}$$

$$= \lim_{s \to 0} s \frac{1}{1 + \dfrac{K}{s(s^2+1.4s+1)}} \times \frac{1}{s} = \lim_{s \to 0} \frac{s(s^2+1.4s+1)}{s(s^2+1.4s+1)+K} = 0$$

3.6.2　系统的类型

在例 3-12 中，相同的输入下，由于图 3-30（b）比图 3-30（a）在前向通道上多了一个积分环节，导致了稳态误差的不同。这说明稳态误差与系统的结构有关。一般来说，系统的开环传递函数的表达式为

$$G_k(s) = G(s)H(s) = \frac{K \prod_i (\tau_i s + 1) \prod_j (\tau_j s^2 + 2\zeta_j \tau_j s + 1)}{s^v \prod_k (T_k s + 1) \prod_w (T_w s^2 + 2\zeta_w T_w s + 1)} \tag{3-68}$$

式中，K 为系统的开环增益。

在控制工程理论中，根据积分环节的个数，即式（3-68）中 v 的值，将系统分为不同的类型。具体如下：

当 $v=0$ 时，为 0 型系统；

当 $v=1$ 时，为 I 型系统；

当 $v=2$ 时，为 II 型系统；

……

不同类型的系统在跟踪相同的信号时，其稳态误差不同。在例 3-12 中，图 3-30（a）的开环传递函数为

$$G_k(s) = \frac{K}{s^2 + 1.4s + 1}$$

此时，系统为 0 型系统（$\nu = 0$）。而图 3-30（b）的开环传递函数为

$$G_k(s) = \frac{K}{s(s^2 + 1.4s + 1)}$$

此时，系统即为 Ⅰ 型系统（$\nu = 1$）。从例 3-12 的计算可知，0 型系统和 Ⅰ 型系统跟踪单位阶跃信号的能力存在差异。0 型系统在跟踪单位阶跃信号时，其稳态误差为

$$e_{ss} = \frac{1}{1 + K}$$

由此可见，0 型系统在输入为单位阶跃信号的情况下，其稳态误差与系统的开环增益 K 有关，其值越大，稳态误差越小。但 K 值有一定的取值范围，所以 K 值大小应该适中。Ⅰ 型系统在输入为单位阶跃信号的情况下，其稳态误差为 0，这意味着 Ⅰ 型系统对信号的跟踪能力比 0 型系统强。一般来说，系统的型别越高，精度越高，但稳定性越低。当 $\nu > 2$ 时，要保持系统的稳定就很困难，所以 Ⅲ 型及以上类型的系统，在除了航天器控制的领域外很少用。

3.6.3　稳态误差系数的概念及计算

由以上讨论可知，系统的稳态误差与开环增益 K、积分环节个数 ν 及输入信号 $r(t)$ 或 $R(s)$ 有关。下面分别讨论典型输入信号作用下，控制系统的稳态误差及稳态误差系数的概念。需要指出的是，进行这些讨论时，都假定系统为单位反馈系统。

（1）阶跃信号作用下的稳态误差计算

设输入信号为阶跃信号，即 $R(s) = \dfrac{A}{s}$，由式（3-67）及式（3-68）可得

$$\begin{aligned}
e_{ss} &= \lim_{s \to 0} s \frac{1}{H(s)} \times \frac{1}{1 + G_k(s)} \times \frac{A}{s} \\
&= \lim_{s \to 0} s \frac{1}{1 + \dfrac{K \prod\limits_i (\tau_i s + 1) \prod\limits_j (\tau_j s^2 + 2\zeta_j \tau_j s + 1)}{s^\nu \prod\limits_k (T_k s + 1) \prod\limits_w (T_w s^2 + 2\zeta_w T_w s + 1)}} \times \frac{A}{s} = \frac{A}{1 + \lim\limits_{s \to 0} \dfrac{K}{s^\nu}}
\end{aligned}$$

式中，A 为阶跃信号的幅值；K 为系统的开环增益。

令 $K_p = \lim\limits_{s \to 0} G_k(s) = \lim\limits_{s \to 0} \dfrac{K}{s^\nu}$ 为稳态位置误差系数，则可知阶跃信号作用下，系统的稳态误差表达式为

$$e_{ss} = \frac{A}{1 + K_p} \tag{3-69}$$

由式（3-69）可知

$$\nu = 0，\quad K_p = K，\quad e_{ss} = \frac{A}{1 + K}$$

$$\nu \geqslant 1，\quad K_p = \infty，\quad e_{ss} = 0$$

由此可见，在阶跃信号作用下，0 型系统稳态误差为常值，且与开环增益 K 有关。K 越大

则稳态误差越小，为有差系统；Ⅰ型及以上系统稳态误差为0，属于无差系统。

（2）速度信号作用下的稳态误差计算

设系统的输入为速度信号，即 $R(s) = \dfrac{A}{s^2}$，由式（3-67）及式（3-68）可得

$$e_{ss} = \lim_{s \to 0} s \frac{1}{H(s)} \times \frac{1}{1 + G_k(s)} \times \frac{A}{s^2}$$

$$= \lim_{s \to 0} s \frac{1}{1 + \dfrac{K \prod\limits_i (\tau_i s + 1) \prod\limits_j (\tau_j s^2 + 2\zeta_j \tau_j s + 1)}{s^\nu \prod\limits_k (T_k s + 1) \prod\limits_w (T_w s^2 + 2\zeta_w T_w s + 1)}} \times \frac{A}{s^2} = \frac{A}{\lim\limits_{s \to 0} \dfrac{K}{s^{\nu-1}}}$$

式中，A 为速度信号的斜率。

令 $K_\nu = \lim\limits_{s \to 0} s G_k(s) = \lim\limits_{s \to 0} \dfrac{K}{s^{\nu-1}}$ 为稳态速度误差系数，则在速度信号作用下，系统的稳态误差表达式为

$$e_{ss} = \frac{A}{K_\nu} \tag{3-70}$$

由式（3-70）可知

$$\nu = 0, \quad K_\nu = 0, \quad e_{ss} = \frac{A}{K_\nu} = \infty$$

$$\nu = 1, \quad K_\nu = K, \quad e_{ss} = \frac{A}{K}$$

$$\nu > 1, \quad K_\nu = \infty, \quad e_{ss} = 0$$

由上述分析可知，系统在速度信号作用下，0 型系统的稳态误差为无穷大，即 0 型系统无法跟踪速度信号。Ⅰ型系统的稳态误差为定值，与斜率 A 成正比，与开环增益 K 成反比。K 越大，稳态误差越小，这意味着Ⅰ型系统能跟踪斜坡信号，但存在误差。Ⅱ型系统的稳态误差为 0，说明系统可以无误差跟踪斜坡信号。

（3）加速度信号作用下的稳态误差计算

设系统的输入为加速度信号，即 $R(s) = \dfrac{A}{s^3}$，由式（3-67）及式（3-68）可得

$$e_{ss} = \lim_{s \to 0} s \frac{1}{H(s)} \times \frac{1}{1 + G_k(s)} \times \frac{A}{s^3}$$

$$= \lim_{s \to 0} s \frac{1}{1 + \dfrac{K \prod\limits_i (\tau_i s + 1) \prod\limits_j (\tau_j s^2 + 2\zeta_j \tau_j s + 1)}{s^\nu \prod\limits_k (T_k s + 1) \prod\limits_w (T_w s^2 + 2\zeta_w T_w s + 1)}} \times \frac{A}{s^3} = \frac{A}{\lim\limits_{s \to 0} \dfrac{K}{s^{\nu-2}}}$$

式中，A 为加速度信号的斜率。

令 $K_a = \lim\limits_{s \to 0} s^2 G_k(s) = \lim\limits_{s \to 0} \dfrac{K}{s^{\nu-2}}$ 为稳态加速度误差系数，则在速度信号作用下，系统的稳态误差表达式为

$$e_{ss} = \frac{A}{K_a} \tag{3-71}$$

由式（3-71）可知

$$\nu = 0，\quad K_a = 0，\quad e_{ss} = \frac{A}{K_a} = \infty$$

$$\nu = 1，\quad K_a = 0，\quad e_{ss} = \frac{A}{K_a} = \infty$$

$$\nu = 2，\quad K_a = K，\quad e_{ss} = \frac{A}{K}$$

$$\nu > 2，\quad K_a = \infty，\quad e_{ss} = 0$$

可见，在加速度信号作用下，0 型和 I 型系统的稳态误差为无穷大，表明这两种系统无法跟踪加速度信号。II 型系统的稳态误差为定值，与斜率 A 成正比，与开环增益 K 成反比，K 越大，稳态误差越小，表明 II 型系统能跟踪输入信号。II 型以上系统的稳态误差为零，说明系统可以无误差跟踪加速度输入信号。稳态误差系数只对输入信号为阶跃信号、速度信号、加速度信号有意义。

表 3-3 为不同类型的系统在不同的输入信号作用下的稳态误差。

表 3-3　系统的稳态误差计算

系统型别	系统稳态误差 e_{ss}		
	$A \times 1(t)$	$At \times 1(t)$	$A \times \frac{1}{2} t^2 \times 1(t)$
0 型	$\dfrac{A}{1+K}$	∞	∞
I 型	0	$\dfrac{A}{K}$	∞
II 型	0	0	$\dfrac{A}{K}$

表 3-3 总结了不同类型的系统在 3 种不同的典型输入信号作用下其稳态误差的规律。在输入为阶跃信号、速度信号、加速度信号的情况下，计算系统的稳态误差时，可以不用拉氏变换的终值定理求解，而直接用表 3-3 来求解。其步骤如下：

① 判明系统的类型，即开环传递函数的构成有无积分环节，有几个积分环节。

② 判明系统输入信号的类型。

③ 查表 3-3，找出对应的系统稳态误差。

需要指出的是，上述方法仅限于 3 种典型的输入信号作用下稳态误差的求解，在其他信号作用下的稳态误差还需要用式（3-64）求解。

例 3-13　某单位负反馈控制系统的开环传递函数为 $G_k(s) = \dfrac{200}{s(s+10)(2s+1)}$，求 3 个稳态误差系数，并求输入为 $r(t) = 4t$ 时的系统稳态误差。

解： ① 稳态误差系数

$$K_p = \lim_{s \to 0} G_k(s) = \infty$$

$$K_v = \lim_{s \to 0} s G_k(s) = 20$$

$$K_a = \lim_{s \to 0} s^2 G_k(s) = 0$$

② 系统稳态误差

将开环传递函数写成标准形式

$$G_k(s) = \frac{20}{s(0.1s+1)(2s+1)}$$

系统为 I 型系统，开环增益 K 为 20，$K_v = K = 20$，可得

$$e_{ss} = \frac{A}{K_v} = \frac{4}{20} = 0.2$$

例 3-14 某单位负反馈系统的开环传递函数为 $G_k(s) = \dfrac{2.5(s+1)}{s^2(s+10)(2s+1)}$，输入信号为 $t^2 + 3t + 4$，求此系统的稳态误差。

解： 系统的输入信号为一合成信号，即由加速度信号 t^2、速度信号 $3t$、阶跃信号 4 叠加而成。首先分别求出每个信号单独作用时系统的稳态误差，然后再进行叠加，即可得到结果。

系统为 II 型系统。将其标准化，可得

$$G_k(s) = \frac{0.25(s+1)}{s^2(0.1s+1)(2s+1)}$$

系统的开环增益 K 为 0.25。

查表 3-3 可得：

加速度信号作用下

$$e_{ss1} = \frac{A}{K} = \frac{2}{0.25} = 8$$

速度信号作用下

$$e_{ss2} = 0$$

阶跃信号作用下

$$e_{ss3} = 0$$

所以，合成信号作用下，系统的稳态误差为

$$e_{ss} = e_{ss1} + e_{ss2} + e_{ss3} = 8 + 0 + 0 = 8$$

3.6.4　扰动引起的稳态误差计算

控制系统不可避免地会受到外界因素的扰动，也就是说此时进入系统的信号不仅有给定信号，还有扰动信号。那么在两者同时作用下，系统的稳态误差如何计算？

图 3-31 中的控制系统为线性定常的系统，所以满足叠加原理。此系统实际上具有双输入，即给定信号 $R(s)$ 和扰动信号 $N(s)$，为了找出在双信号作用下系统的稳态误差，可以将两个信号

分别考虑，然后将其结果叠加，即

$$e_{ss} = e_{ssi} + e_{ssn} \tag{3-72}$$

式中，e_{ss} 为系统总的稳态误差；e_{ssi} 为系统在给定信号作用下的稳态误差；e_{ssn} 为系统在扰动信号单独作用下的稳态误差。

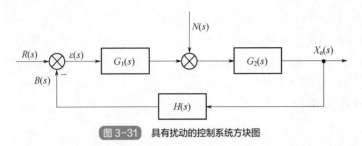

图 3-31 具有扰动的控制系统方块图

在不考虑扰动的情况下，给定信号 $R(s)$ 单独作用，其造成的稳态误差由式（3-67）计算，即

$$e_{ssi} = \lim_{s \to 0} s \frac{1}{H(s)} \times \frac{1}{1 + G_k(s)} R(s) \tag{3-73}$$

扰动造成的稳态误差计算，可以模仿给定信号单独作用下稳态误差的计算方式来进行。首先从偏差入手，在扰动单独作用下，系统的偏差传递函数为

$$\frac{\varepsilon_n(s)}{N(s)} = -\frac{G_2(s)H(s)}{1 + G_1(s)G_2(s)H(s)} \tag{3-74}$$

故由式（3-74）、式（3-63）、式（3-64）有

$$\varepsilon_n(s) = -\frac{G_2(s)H(s)}{1 + G_1(s)G_2(s)H(s)} N(s)$$

$$E_n(s) = -\frac{1}{H(s)} \times \frac{G_2(s)H(s)}{1 + G_1(s)G_2(s)H(s)} N(s) = -\frac{G_2(s)}{1 + G_1(s)G_2(s)H(s)} N(s)$$

$$= -\frac{G_2(s)}{1 + G_k(s)} N(s)$$

从而

$$e_{ssn} = \lim_{s \to 0} s \frac{-G_2(s)}{1 + G_k(s)} N(s) \tag{3-75}$$

最终，将两者叠加即为最终结果：$e_{ss} = e_{ssi} + e_{ssn}$。通常，在实际的设计中取两者的绝对值之和，即

$$e_{ss} = |e_{ssi}| + |e_{ssn}| \tag{3-76}$$

例 3-15 已知随动系统方块图如图 3-31 所示，其中，$G_1(s) = \dfrac{0.5}{0.2s+1}$，$G_2(s) = \dfrac{2}{s(s+1)}$，$H(s) = 1$（单位反馈）。输入 $r(t) = t$，扰动 $n(t) = 1(t)$，试求该系统的稳态误差。

解： 该系统为一单位负反馈系统，由式（3-72）、式（3-73）、式（3-75）可得

$$e_{ssi} = \lim_{s \to 0} s \frac{1}{1 + \dfrac{0.5}{0.2s+1} \times \dfrac{2}{s(s+1)}} \times \frac{1}{s^2} = 1$$

$$e_{ssn} = \lim_{s \to 0} s \frac{-\dfrac{2}{s(s+1)}}{1 + \dfrac{0.5}{0.2s+1} \times \dfrac{2}{s(s+1)}} \times \frac{1}{s} = -2$$

由式（3-76）可得

$$e_{ss} = |e_{ssi}| + |e_{ssn}| = 1 + 2 = 3$$

即该随动系统在给定信号和扰动信号的共同作用下，其稳态误差值为3。

例 3-16 如图 3-32 所示的两个单位反馈系统，分别求其在单位阶跃扰动信号作用下的系统稳态误差。

解： ① 对于图 3-32（a），有

$$E_n(s) = \frac{-\dfrac{K_3}{s}}{1 + \dfrac{K_1 K_2 K_3}{s^2(Ts+1)}} \times \frac{1}{s}$$

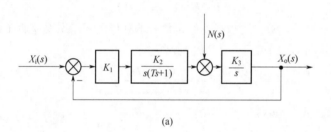

(a)

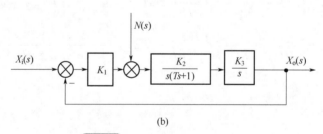

(b)

图 3-32 扰动作用下的单位反馈系统

由式（3-64）可得

$$e_{ssn} = \lim_{s \to 0} s E_n(s) = \lim_{s \to 0} s \frac{-\dfrac{K_3}{s}}{1 + \dfrac{K_1 K_2 K_3}{s^2(Ts+1)}} \times \frac{1}{s} = 0$$

② 对于图 3-32（b），有

$$E_n(s) = \frac{-\dfrac{K_2 K_3}{s^2(Ts+1)}}{1 + \dfrac{K_1 K_2 K_3}{s^2(Ts+1)}} \times \frac{1}{s}$$

由式（3-64）可得

$$e_{\mathrm{ssn}} = \lim_{s \to 0} s E_{\mathrm{n}}(s) = \lim_{s \to 0} s \frac{-\dfrac{K_2 K_3}{s^2 (Ts+1)}}{1 + \dfrac{K_1 K_2 K_3}{s^2 (Ts+1)}} \times \frac{1}{s} = -\frac{1}{K_1}$$

在例 3-16 中，扰动窜入点的位置不同，在相同扰动作用下的稳态误差亦不相同。注意观察扰动窜入点的位置，图 3-32（a）的窜入点位置前有一个积分环节，所以它的稳态误差为零；图 3-32（b）的窜入点位置前没有积分环节，它的稳态误差为一个常数。也就是说，在扰动窜入点前设置积分环节可以有效抑制扰动对系统产生的影响，扰动窜入点后的积分环节无法抑制扰动对系统产生的影响。

3.7　应用 MATLAB 进行控制系统的时域分析

MATLAB 具有强大的运算和仿真功能，这使得它在控制系统的时域分析方面得到了广泛应用，本节通过一些简单的例子，介绍如何应用 MATLAB 进行系统的时域分析。

例 3-17　某一阶系统的闭环传递函数为 $\dfrac{3}{0.5s+1}$，用 MATLAB 求其单位脉冲响应和单位阶跃响应，并绘制响应曲线。

解： MATLAB 仿真程序如下：

```
clear
num=[3];
den=[0.5 1];
Gs=tf(num,den)
t=0:0.1:20;
figure(1);
impulse(Gs,t)
xlabel('时间')
ylabel('输出')
title('一阶系统单位脉冲响应')
figure(2);
step(Gs,t)
xlabel('时间')
ylabel('输出')
title('一阶系统单位阶跃响应')
```

程序运行结果如图 3-33 和图 3-34 所示。

例 3-18　某二阶系统的闭环传递函数为 $\dfrac{\omega_{\mathrm{n}}^2}{s^2 + 2\zeta\omega_{\mathrm{n}}s + \omega_{\mathrm{n}}^2}$，令 $\omega_{\mathrm{n}} = 10$，用 MATLAB 分析当 $\zeta = 0, 0.25, 0.5, 0.75, 1, 1.25$ 时系统的阶跃响应，并绘制其阶跃响应曲线。

解： 系统仿真程序如下：

```
num=100:i=0:
for sigma=0:0.25:1.25
den=[1 2*sigma*10 100]:
damp(den)
```

```
   sys=tf(num,den):
   i=i+1:
   step(sys,2)
   hold on
end
grid
hold off
title ('阻尼比不同时的阶跃响应曲线')
lab1='ζ=0': text(0.3,1.9,lab1)
lab2='ζ=0.25': text(0.3,1.5,lab2)
lab3='ζ=0.5': text(0.3,1.2,lab3)
lab4='ζ=0.75': text(0.3,1.2,lab4)
lab5='ζ=1': text(0.3,0.9,lab5)
lab6='ζ=1.25': text(0.3,0.9,lab6)
```

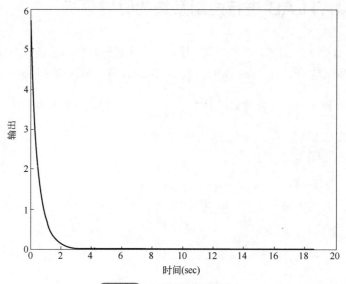

图 3-33　一阶系统单位脉冲响应

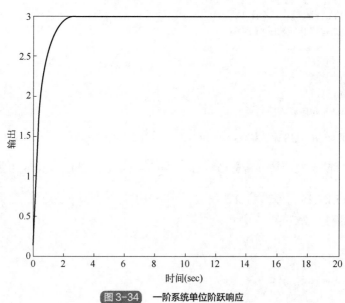

图 3-34　一阶系统单位阶跃响应

程序运行结果如图 3-35 所示。

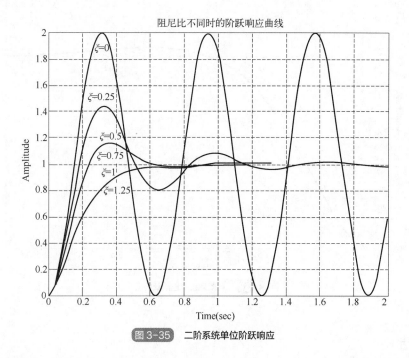

图 3-35　二阶系统单位阶跃响应

例 3-19　设高阶系统的方块图如图 3-36 所示，试用 MATLAB 分析其单位阶跃响应，并绘制其响应曲线。

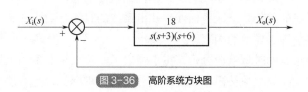

图 3-36　高阶系统方块图

解：该系统的闭环传递函数为

$$G(s) = \frac{18}{s^3 + 9s^2 + 18s + 18}$$

仿真程序如下：

```
clear
num=[18];
den=[1 9 18 18];
Gs=tf(num,den)
t=0:0.1:20;
figure(1);
step(Gs,t)
```

程序运行结果如图 3-37 所示。

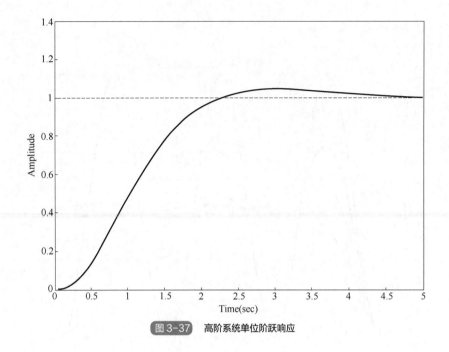

图 3-37　高阶系统单位阶跃响应

本章小结

（1）介绍了时域分析的概念；进行时域分析所输入的几种典型信号；介绍了一阶系统的单位脉冲响应、单位阶跃响应、单位速度响应、单位加速度响应，以及如何求取它们的图形，重点介绍如何从一阶系统的单位阶跃响应曲线里找出系统的时间常数；介绍了线性定常系统的重要特征，即响应的导数等于导数的响应。

（2）介绍了二阶系统的时域响应分析，重点指出了二阶系统在不同阻尼比情况下其响应曲线的特点；同时介绍了在欠阻尼情况下二阶系统动态特性指标的计算方法及这些指标与二阶系统两个参数固有频率 ω_n 及阻尼比 ζ 之间的关系；对于高阶系统，主要介绍主导极点的概念，并指出高阶系统可以基于主导极点的概念简化成二阶系统进行近似处理。

（3）在系统的稳定性方面，主要介绍稳定性的概念及系统稳定的充要条件，以及如何利用劳斯判据对系统的稳定性进行判断。

（4）介绍了系统稳态误差的基本概念及其计算方法；基于拉氏变换终值定理的计算和基于稳态误差系数的计算；扰动作用下系统稳态误差的计算；在给定信号和扰动信号共同作用下系统稳态误差的计算。

（5）通过几个例子介绍了 MATLAB 在时域分析中的应用。

 习题

3-1　高阶系统的单位阶跃响应稳态分量与什么有关？

3-2　三个一阶系统的时间常数关系为 $T_2 < T_1 < T_3$，请问哪个系统的响应速度最快？

3-3　简述高阶系统的单位阶跃响应组成及其影响因素。

3-4 某二阶系统的单位阶跃响应曲线如题3-4图所示，试确定其固有频率ω_n及阻尼比ζ，并求出其闭环传递函数。

3-5 某控制系统的方块图如题3-5图所示，设计要求峰值时间$t_p = 2s$，超调量$M_p = 5\%$，试确定K_1、K_2的值。

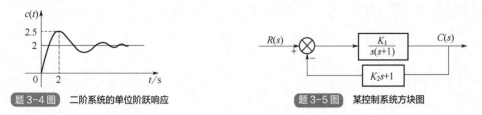

题 3-4 图　二阶系统的单位阶跃响应　　　　　题 3-5 图　某控制系统方块图

3-6 温度计为一阶惯性系统，用其测量容器内的水温，1min才能显示出该温度的98%的数值。若加热容器使水温按15℃/min的速度匀速上升，问温度计指示的稳态误差有多大？（提示：温度计测量系统的输入为速度信号）

3-7 已知单位反馈系统的开环传递函数为$G(s) = \dfrac{2.5(s+2)}{s(s+4)(s^2+2s+2)}$，试求出当系统的输入信号为$r(t) = 1 + t + 0.5t^2$时的稳态误差。

3-8 如题3-8图所示的单位反馈系统，$K=10s^{-1}$，$T=0.1s$，试求：①特征参数ζ、ω_n；②若$M_p = 10\%$，T不变，求K的取值。

3-9 如题3-9图（a）所示的机械系统，当在质量块M上施加$f(t)$=8.9N的阶跃力后，M的位移时间响应如图（b）所示。试求系统的质量M、弹性系数K和黏性阻尼系数C的值。

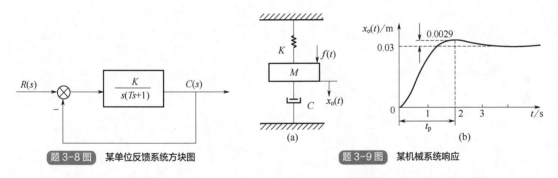

题 3-8 图　某单位反馈系统方块图　　　　　题 3-9 图　某机械系统响应

3-10 题3-10图为液压阻尼器示意图。其中，x_i为输入位移，x_o为输出位移，K为弹簧刚度，C为黏性阻尼系数。试求输出与输入之间的传递函数和系统的单位加速度响应。

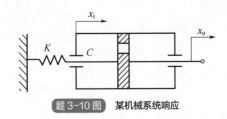

题 3-10 图　某机械系统响应

3-11 设系统闭环传递函数为$\Phi(s) = \dfrac{C(s)}{R(s)} = \dfrac{1}{T^2s^2 + 2\zeta Ts + 1}$，试计算：

① $\zeta = 0.2$，$T = 0.08s$ 和 $\zeta = 0.8$，$T = 0.08s$ 时，单位阶跃响应的超调量 M_p、调节时间 t_s 及峰值时间 t_p。

② $\zeta = 0.4$，$T = 0.04s$ 和 $\zeta = 0.4$，$T = 0.16s$ 时，单位阶跃响应的超调量 M_p、调节时间 t_s 和峰值时间 t_p。

③ 根据计算结果，讨论参数 ζ、T 对阶跃响应的影响。

第 4 章

控制系统的根轨迹分析法

 本章思维导图

扫描下载本书电子资源

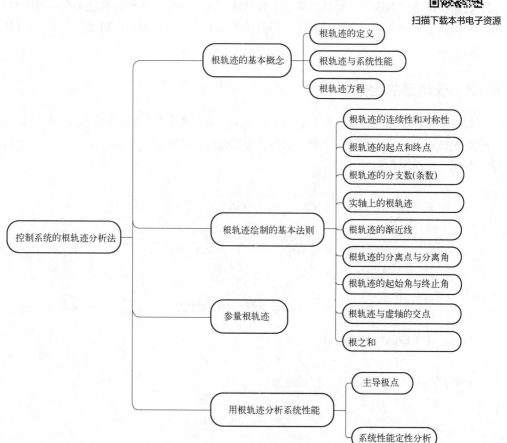

本章学习目标

（1）了解根轨迹的定义和根轨迹方程。

（2）掌握根轨迹的绘制法则。

（3）掌握通过根轨迹分析系统性能的方法。

（4）掌握开环系统零点、极点对系统性能的影响。

4.1 根轨迹的基本概念

由前面的时域分析法可以知道，系统的动态性能与闭环极点（即特征方程根）的位置是密切相关的。但对于求解三阶以上系统的根，用手工的方法是很难求取的。1948 年，W.R.Evans（伊文思）在"控制系统的图解分析"一文中，提出了一种求解代数方程根的图解方法。这种方式是根据系统开环零、极点在复平面的位置，利用一些简单的规则，绘制出当系统某个参数变化时，系统闭环特征根在复平面上变化的轨迹，称为根轨迹法。通过根轨迹，可以对系统的动态性能和稳态性能进行分析和计算。根轨迹法是分析和设计线性定常控制系统的图解方法，对于多回路系统的分析，用根轨迹法比用其他方法更为方便，因此根轨迹法在工程实践中获得了广泛应用。

4.1.1 根轨迹的定义

根轨迹简称根迹，它是当开环系统中某一参数从零变到无穷时，特征方程式的根在 s 平面上变化的轨迹线。下面通过一个例子来具体说明根轨迹的概念。控制系统的方块图如图 4-1 所示，其闭环传递函数为

$$\Phi(s) = \frac{C(s)}{R(s)} = \frac{G(s)}{1+G(s)H(s)} = \frac{2K}{s^2+2s+2K} \qquad (4-1)$$

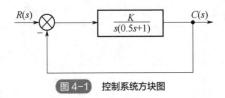

图 4-1 控制系统方块图

由此，该系统的特征方程式为

$$s^2 + 2s + 2K = 0 \qquad (4-2)$$

求解式（4-2），得到特征方程式的根为

$$s_1 = -1 + \sqrt{1-2K} \qquad (4-3)$$

$$s_2 = -1 - \sqrt{1-2K} \qquad (4-4)$$

由式（4-3）、式（4-4）可知，特征根在复平面的位置由 K 值决定，当开环增益 K 取不同的值，从 $0 \rightarrow \infty$ 时，总能通过解析的方法求出不同 K 值对应的特征根，也即闭环极点的所有数值。将这些特征根用"点"标注在 s 平面上，并连接各点，形成光滑的粗实线，如图 4-2 所示。图中，粗实线就称为该系统的根轨迹，根轨迹上的箭头表示随着 K 值增加的根轨迹变化趋势，而标注的数值则代表与闭环极点位置相应的开环增益 K 的数值。

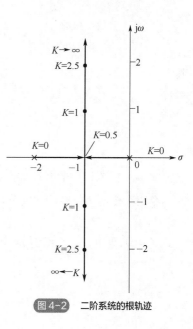

图 4-2　二阶系统的根轨迹

4.1.2　根轨迹与系统性能

以图 4-2 为例来说明根轨迹与系统性能的关系。

（1）稳定性

当 K 从 $0 \rightarrow \infty$ 时，图 4-2 上的根轨迹均在左半 s 平面，所以系统对所有的 K 值都是稳定的。如果分析高阶系统的根轨迹图，那么根轨迹有可能越过虚轴进入右半 s 平面，此时根轨迹与虚轴交点处的 K 值就是临界开环增益。

（2）稳态性能

从图 4-2 可以看到，坐标原点有一个极点，由前面知识可以知道，该开环系统属 I 型系统，在阶跃输入作用下的稳态误差为 0。

（3）动态性能

从图 4-2 可以看出：

① 当 $0<K<0.5$ 时，系统具有两个不相等的负实根，系统为过阻尼系统，其单位阶跃响应为非周期振荡过程；

② 当 $K=0.5$ 时，系统具有两个相等的负实根，系统为临界阻尼系统，其单位阶跃响应仍为非周期振荡过程，但响应速度较 $0<K<0.5$ 情况更快；

③ 当 $K>0.5$ 时，系统具有一对共轭复根，系统为欠阻尼系统，其单位阶跃响应为衰减的阻尼振荡过程，且超调量将随 K 值的增大而加大，但调节时间不会显著变化。

上述分析表明，根轨迹与系统性能之间有着比较密切的联系。然而，对于高阶系统，用解析的方法绘制系统的根轨迹图，显然是不适用的。我们希望能有简便的图解方法，可以根据已知的开环传递函数迅速绘出闭环系统的根轨迹。为此，需要研究闭环零、极点与开环零、极点之间的关系。

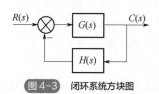

图 4-3　闭环系统方块图

4.1.3　根轨迹方程

根轨迹是系统所有闭环极点的集合，图 4-3 为闭环系统方块图。图 4-3 所示系统的闭环传递函数为

$$\Phi(s) = \frac{G(s)}{1+G(s)H(s)} \tag{4-5}$$

其中

$$G(s)H(s) = \frac{K^* \prod_{j=1}^{m}(s-z_j)}{\prod_{i=1}^{n}(s-p_i)}, \quad m \leqslant n$$

式中，z_j 为已知的开环零点；p_i 为已知的开环极点；增益 K^* 从零变到无穷。

令闭环传递函数表达式的分母为零，得闭环系统特征方程

$$1+G(s)H(s)=0 \tag{4-6}$$

由式（4-6）可见，当系统有 m 个开环零点和 n 个开环极点时，式（4-6）等价为

$$\frac{K^* \prod_{j=1}^{m}(s-z_j)}{\prod_{i=1}^{n}(s-p_i)} = -1 \tag{4-7}$$

式（4-7）为系统的根轨迹方程。

根轨迹方程实质上是一个向量方程，直接使用很不方便。考虑到 $G(s)H(s)$ 为复数，只要满足等式两边的模值和相角相等即可，将式（4-7）转化为

模值条件：$|G(s)H(s)| = 1$

即

$$K^* = \frac{\prod_{i=1}^{n}|s-p_i|}{\prod_{j=1}^{m}|s-z_j|} \tag{4-8}$$

相角条件：$\angle G(s)H(s) = (2k+1)\pi, \quad k = 0,\pm1,\pm2,\cdots$

即

$$\sum_{j=1}^{m} \angle(s-z_j) - \sum_{i=1}^{n} \angle(s-p_i) = (2k+1)\pi, \quad k = 0,\pm1,\pm2,\cdots \tag{4-9}$$

根据这两个条件，可以完全确定 s 平面上的根轨迹和根轨迹上对应的增益 K^* 值。其中，相角条件是确定 s 平面上根轨迹的充分必要条件。通过相角条件即可绘制根轨迹，而在需要计算根轨迹上对应的 K^* 值时，才需要使用模值条件。

4.2　根轨迹绘制的基本法则

根据根轨迹方程的模值和相角条件，总结出绘制根轨迹的基本法则。利用这些法则，可以简单方便地绘制根轨迹，有助于分析和设计控制系统。本节介绍的根轨迹绘制法则共 9 条，由于绘制遵从的是相角 180°+2$k\pi$ 条件，所以，也称为 180° 根轨迹的绘制法则。

法则一　根轨迹的连续性和对称性。

① 连续性。闭环特征方程中的某些系数是开环增益 K^* 的函数，当增益 K^* 从 $0 \rightarrow \infty$ 连续变化时，根也随之连续变化，故根轨迹具有连续性。

② 对称性。闭环特征方程式的根只有实根和复根两种，实根位于实轴上，复根必共轭，而根轨迹是根的集合，因此根轨迹对称于实轴。

因此，在绘制根轨迹时，只需做出上半 s 平面的根轨迹，下半 s 平面对称画出即可。

法则二　根轨迹的起点和终点。

根轨迹起于开环极点，终于开环零点。

① 根轨迹起点是指开环增益 $K^*=0$ 的根轨迹点。

由式（4-9）可知，闭环系统特征方程为

$$\prod_{i=1}^{n}(s-p_i)+K^*\prod_{j=1}^{m}(s-z_j)=0 \qquad (4\text{-}10)$$

当 $K^*=0$ 时，可以求得闭环特征方程的根为

$$s=p_i,\ \ i=1,2,\cdots,n$$

即开环传递函数 $G(s)H(s)$ 的极点，所以根轨迹必起于开环极点。

② 根轨迹终点是指 $K^*\to\infty$ 的根轨迹点。

将特征方程（4-10）两边同除以 K^*，可得

$$\frac{1}{K^*}\prod_{i=1}^{n}(s-p_i)+\prod_{j=1}^{m}(s-z_j)=0$$

当 $K^*=\infty$ 时，可以求得闭环特征方程式的根为

$$s=z_j,\ \ j=1,2,\cdots,m$$

即开环传递函数 $G(s)H(s)$ 的零点，所以根轨迹必终于开环零点。

在实际系统中，开环传递函数分子多项式次数 m 与分母多项式次数 n 之间满足不等式 $m\leqslant n$，因此有 $n-m$ 条根轨迹的终点将在无穷远处。

法则三　根轨迹的分支数（条数）。

根轨迹的分支数为系统的阶数。

根轨迹的分支数与开环有限零点数 m 和有限极点数 n 中的大者相等，它们是连续的并且对称于实轴。对于实际系统，一般分母多项式 n 大于分子多项式 m，即系统具有 n 个特征根，当 K^* 从 $0\to\infty$ 连续变化时，就会有 n 条根轨迹。

法则四　实轴上的根轨迹。

实轴上的某一区域，若其右边开环实数零、极点个数之和为奇数，该区域必是根轨迹；若为偶数，该区域不是根轨迹。

对于图 4-4 所示的系统，根据法则四可知，z_1 和 p_1 之间，z_2 和 p_4 之间，z_3 和 $-\infty$ 之间的实轴部分，都是根轨迹的一部分。

法则五　根轨迹的渐近线。

当开环有限极点数 n 大于有限零点数 m 时，有 $n-m$ 条根轨迹分支沿着与实轴交角为 ϕ_{a}，交点为 σ_{a} 的一组渐近线趋向无穷远处，且有

$$\phi_{\mathrm{a}}=\frac{(2k+1)\pi}{n-m},\ \ k=0,1,2,\cdots,n-m-1$$

和

$$\sigma_{\mathrm{a}}=\frac{\displaystyle\sum_{i=1}^{n}p_i-\sum_{j=1}^{m}z_j}{n-m}$$

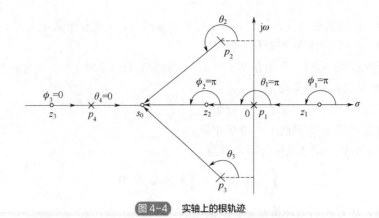

图 4-4 实轴上的根轨迹

例 4-1 控制系统及其开环传递函数为

$$G(s) = \frac{K^*(s+1)}{s(s+4)(s^2+2s+2)}$$

求零、极点分布与根轨迹渐近线。

解： 由法则一和法则三可知，根轨迹的分支数有 4 条，且对称于实轴。

由法则二可知，根轨迹起于 $G(s)$ 的极点 $p_1=0$，$p_2=-4$，$p_3=-1+j$ 和 $p_4=-1-j$，终于 $G(s)$ 的有限零点 $z_1=-1$ 以及无穷远处。

由法则五可知，有 $n-m=3$ 条根轨迹渐近线，其交点为

$$\sigma_a = \frac{\displaystyle\sum_{i=1}^{4} p_i - z_1}{3} = \frac{(0-4-4+j-1-j)-(-1)}{3} = -1.67$$

交角为

$$\phi_a = \frac{(2k+1)\pi}{n-m} = 60°, \qquad k=0$$

$$\phi_a = \frac{(2k+1)\pi}{n-m} = 180°, \qquad k=1$$

$$\phi_a = \frac{(2k+1)\pi}{n-m} = 300°, \qquad k=2$$

法则六　根轨迹的分离点与分离角。

几条根轨迹分支在 s 平面相遇又立即分开的点，称为根轨迹的分离点或会合点。分离点的坐标用 d 来表示，可以通过下列方程求出

$$\sum_{j=1}^{m} \frac{1}{d-z_j} = \sum_{i=1}^{n} \frac{1}{d-p_i} \tag{4-11}$$

式中，z_j 为各开环零点的数值；p_i 为各开环极点的数值。

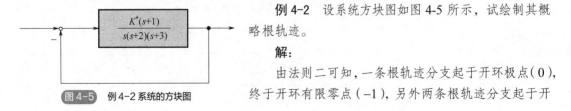

图 4-5 例 4-2 系统的方块图

例 4-2 设系统方块图如图 4-5 所示，试绘制其概略根轨迹。

解：

由法则二可知，一条根轨迹分支起于开环极点（0），终于开环有限零点（-1），另外两条根轨迹分支起于开

环极点（-2）和（-3），终于无穷远处（无限零点）。

由法则三可知，该系统有三条根轨迹分支，且对称于实轴。

由法则四可知，实轴上的根轨迹位区域[0，-1]和[-2，-3]。

由法则五可知，两条终于无穷的根轨迹的渐近线与实轴交角为 90° 和 270°，交点坐标为

$$\sigma_a = \frac{\sum_{i=1}^{3} p_i - \sum_{j=1}^{1} z_j}{n-m} = \frac{(0-2-3)(-1)}{3-1} = -2$$

由法则六可知，实轴区域[-2，-3]必有一个根轨迹的分离点 d，它满足下述分离点方程：

$$\frac{1}{d+1} = \frac{1}{d} + \frac{1}{d+2} + \frac{1}{d+3}$$

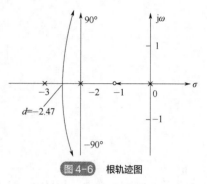

图 4-6　根轨迹图

考虑到 d 必在-2 和-3 之间，初步试探时，设 d=-2.5，算出

$$\frac{1}{d+1} = -0.67, \qquad \frac{1}{d} + \frac{1}{d+2} + \frac{1}{d+3} = -0.4$$

因方程两边不等，所以 d=-2.5 不是欲求的分离点坐标。重取 d≈-2.47，方程两边近似相等，故本例 d≈-2.47。画出的系统概略根轨迹如图 4-6 所示。

法则七　根轨迹的起始角与终止角。

根轨迹始于极点，止于零点。当系统的根为复数根时，离开极点处的切线与正实轴的夹角称为起始角，记为 θ_{p_i}；根轨迹进入零点处的切线与正实轴的夹角称为终止角，记为 ϕ_{z_i}。这些角度可按如下关系式求出：

$$\theta_{p_i} = (2k+1)\pi + \left(\sum_{j=1}^{m} \phi_{z_j p_i} - \sum_{\substack{j=1 \\ (j \neq i)}}^{n} \theta_{p_j p_i} \right), \quad k = 0, \pm 1, \pm 2, \cdots \tag{4-12}$$

$$\phi_{z_i} = (2k+1)\pi - \left(\sum_{\substack{j=1 \\ (j \neq i)}}^{m} \phi_{z_j z_i} - \sum_{j=1}^{n} \theta_{p_j z_i} \right), \quad k = 0, \pm 1, \pm 2, \cdots \tag{4-13}$$

图 4-7 为起始角与终止角的示意图。

法则八　根轨迹与虚轴的交点。

若根轨迹与虚轴相交，则交点上的增益 K^* 值和 ω 值可用劳斯判据确定，也可令闭环特征方程中的 $s=j\omega$，然后分别令其实部和虚部为零而求得。

例 4-3　设系统开环传递函数为

$$G(s)H(s) = \frac{K^*}{s(s+3)(s^2+2s+2)}$$

试绘制闭环系统的概略根轨迹。

解：根据开环传递函数可知，系统分母的阶次 n=4，分子的阶次 m=0，也即系统有 4 个开环极点，分别是 0、-3、-1+j、-1-j。

根据根轨迹的绘制法则，概略绘制出该系统的根轨迹：

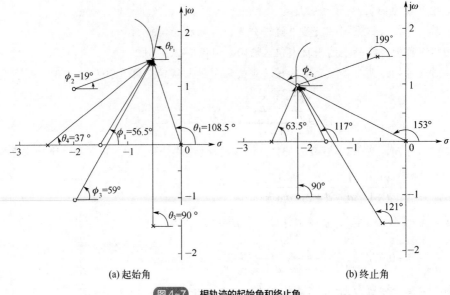

(a) 起始角   (b) 终止角

图 4-7   根轨迹的起始角和终止角

① 实轴上的根轨迹。实轴上有两个根，分别是 0 和−3，在[0, −3]区域，任何一个点右侧的极点零点之和为奇数，所以[0, −3]区域必为根轨迹。

② 根轨迹的渐近线。由于 $n-m=4$，故有 4 条根轨迹渐近线，由渐近线的求取公式可以求得渐近线与实轴的交点及夹角分别为

$$\sigma_a = -1.25; \qquad \phi_a = \pm45°, \pm135°$$

③ 分离点坐标 d。由于系统没有零点，所以根轨迹趋于无穷远处。利用分离点坐标公式，有

$$\sum_{i=1}^{n} \frac{1}{d - p_i} = 0$$

于是分离点方程为

$$\frac{1}{d} + \frac{1}{d+3} + \frac{1}{d+1-j} + \frac{1}{d+1+j} = 0$$

用试探法算出 $d \approx -2.3$。

④ 起始角。量测各向量相角，算得 $\theta_{p_i} = -71.6°$。

⑤ 根轨迹与虚轴交点。

a. 第一种求解方法：可以利用劳斯判据。根据开环传递函数写出系统的闭环特征方程式为

$$s^4 + 5s^3 + 8s^2 + 6s + K^* = 0$$

首先利用劳斯判据判断系统稳定性，列劳斯表如下：

s^4	1	8	K^*
s^3	5	6	
s^2	$34/5$	K^*	
s^1	$(204 - 25K^*)/34$		
s^0	K^*		

令劳斯表中 s^1 行的首项为零，得 $K^*=8.16$。根据 s^2 行的系数，得辅助方程

$$\frac{34}{5}s^2 + K^* = 0$$

代入 K^*=8.16，并令 s=jω，解出交点坐标 ω=±1.1。

b. 第二种求解方法：可以将 s=jω 代入闭环特征方程，令方程的实部和虚部分别等于 0，如下：

实部方程为

$$\omega^4 - 8\omega^2 + K^* = 0$$

虚部方程为

$$-5\omega^3 + 6\omega = 0$$

在虚部方程中，ω=0 显然不是欲求之解，因此根轨迹与虚轴交点坐标应为 ω=±1.1。将所得 ω 值代入实部方程，立即解出 K^*=8.16。所得结果与劳斯表法完全一样。整个系统概略根轨迹如图 4-8 所示。

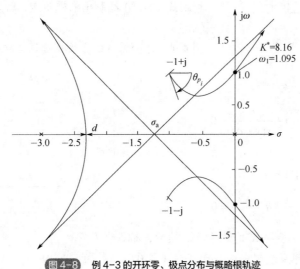

图 4-8 例 4-3 的开环零、极点分布与概略根轨迹

法则九　根之和。

n 阶系统的 n 个极点之和等于闭环特征方程 n 个根之和，即

$$\sum_{i=1}^{n} s_i = \sum_{i=1}^{n} p_i$$

式中，s_i 为闭环特征根。

在开环极点确定的情况下，增大开环增益 K^* 时，若闭环某些根在 s 平面上向左移动，则另一部分根必向右移动。可以用此法则判断根轨迹的走向。

4.3　参量根轨迹

在控制系统中，以增益 K^* 为变量的根轨迹称为常规根轨迹，不以增益 K^* 为变量的根轨迹称为参量根轨迹或广义根轨迹。

绘制参数根轨迹的法则与绘制常规根轨迹的法则完全相同，只是在绘制之前，需要先将可变参量演变为相当于开环增益 K^* 的位置。为此，需要对闭环特征方程式（4-14）进行等效变换。

$$1+G(s)H(s)=0 \qquad (4\text{-}14)$$

将其写为

$$A\frac{P(s)}{Q(s)}=-1 \qquad (4\text{-}15)$$

式（4-15）中，A 是除 K^* 外，系统任意的变化参数，而 $P(s)$ 和 $Q(s)$ 分别为与 A 无关的多项式。

将式（4-15）转换为 $Q(s)+AP(s)=0$，即

$$Q(s)+AP(s)=1+G(s)H(s)=0 \qquad (4\text{-}16)$$

根据式（4-16），可得等效单位反馈系统，其等效开环传递函数为

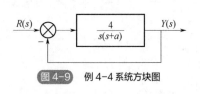

图 4-9 例 4-4 系统方块图

$$G_1(s)H_1(s) = A\frac{P(s)}{Q(s)} \qquad (4\text{-}17)$$

利用式（4-17）绘制出的根轨迹，就是参数 A 变化时的参数根轨迹。

例 4-4 已知系统的方块图如图 4-9 所示，试画出以 a 为变量的根轨迹。

解：求系统特征方程

$$1+\frac{4}{s(s+a)}=0$$

即 $(s^2+4)+as=0$。

等式两边除以 s^2+4，得

$$1+a\frac{s}{s^2+4}=0$$

这样就把参量 a 变换到 K^* 的位置了。然后，根据 4.2 节的根轨迹绘制法则，即可绘制出以 a 为变量（从 $0 \to \infty$）的根轨迹，如图 4-10 所示。

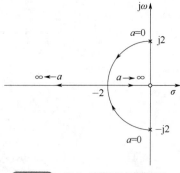

图 4-10 例 4-4 系统的参量根轨迹

4.4 用根轨迹分析系统性能

利用根轨迹分析系统的性能，主要是分析系统的稳定性、动态性能和稳态性能。当这些性能未达到要求时，需要对根轨迹进行改造，因此需要了解系统参数对根轨迹的影响。为了便于通过根轨迹分析系统性能，下面引入几个概念。

4.4.1 主导极点

在工程实践中，常常采用主导极点的概念对高阶系统进行近似分析。例如，已知系统的闭环传递函数为

$$\Phi(s) = \frac{20}{(s+10)(s^2 + 2s + 2)}$$

该系统在单位阶跃输入下的响应为

$$c(t) = 1 - 0.024e^{-10t} + 1.55e^{-t}\cos(t + 129°)$$

在该式中，指数项是由闭环极点 $s_1 = -10$ 产生的，而余弦项是由闭环复数极点 $s_{2,3} = -1 \pm j$ 产生的。通过对这两项进行比较可以看出，指数项的衰减更加迅速，幅值也更小，所以可以忽略不计。因此，可以把输出响应 $c(t)$ 写成

$$c(t) \approx 1 + 1.55e^{-t}\cos(t + 129°)$$

该式表明，系统的动态性能主要由接近虚轴的闭环极点决定，离虚轴较远的极点影响可以忽略。通常我们把这些既接近虚轴、又不十分接近闭环零点的闭环极点称为**主导极点**。

4.4.2　偶极子

如果闭环零、极点相距很近，那么这样的闭环零、极点常称为**偶极子**。

偶极子有实数偶极子和复数偶极子两种形式。复数偶极子是以共轭形式出现。只要偶极子不十分接近坐标原点，它们对系统动态性能的影响就甚微，从而可以忽略它们的存在。

在工程计算中，采用主导极点代替系统全部闭环极点来估算系统性能指标的方法，称为**主导极点法**。

对于高阶系统的性能分析，在利用主导极点法分析系统性能时，只看离虚轴最近的几个闭环极点，略去离虚轴很远的闭环极点。这样，就可以把高阶系统转换成低阶系统来分析其性能，更加简单方便。

下面通过例子来说明极点的位置与系统性能的关系。

例 4-5　已知控制系统的开环传递函数为 $G_k(s) = \dfrac{K_g}{s(s+2)(s+4)}$，当阻尼比 $\zeta = 0.5$ 时，试确定系统的主导极点和相应的超调量 σ、调节时间 t_s。

解：首先根据根轨迹的绘制法则，绘制出该系统的根轨迹。

① 由系统开环传递函数，可以知道系统有 3 个开环极点，也即根轨迹的起点，分别是：$p_0 = 0$，$p_1 = -2$，$p_2 = -4$。

② 实轴上的根轨迹为（$-\infty$，-4]和[-2，0]。

③ 根轨迹的分离点计算：

$$D(s)N'(s) - D'(s)N(s) = s(s+2)(s+4) = 3s^2 + 12s + 8 = 0$$

解此方程可得：$s_1 = -0.84$，$s_2 = -3.16$。因为 s_2 不在根轨迹上，故舍去。

④ 根轨迹渐近线的倾角为

$$\phi = \pm\frac{180°(2k+1)}{n-m} = \pm 60°, \pm 180°$$

根轨迹渐近线与实轴的交点为

$$\sigma_a = -\frac{(0+2+4)-0}{3} = -2$$

⑤ 根轨迹与虚轴的交点计算。

系统的特征方程为：$s(s+2)(s+4)+K_g = s^3 + 6s^2 + 8s + K_g = 0$

将 $s = j\omega$ 代入特征方程可得

$$(j\omega)^3 + 6(j\omega)^2 + 8(j\omega) + K_g = 0$$

令实部=0，虚部=0，可列出

$$K_g - 6\omega^2 = 0$$

$$8\omega - \omega^3 = 0$$

解得方程的根为：$\omega = \pm 2.83$，$K_g = 48$。

由此可以绘制出系统的根轨迹，如图 4-11 所示。

由根轨迹可以对系统的稳定性、静态性能和动态性能进行分析。

① 稳定性：当根轨迹放大系数小于 48 时，三个闭环极点均位于 s 平面的左半平面，系统才能稳定。

② 静态性能：由根轨迹可以看出，有一个位于坐标原点的开环极点，因此，系统为 I 型，对应阶跃信号输入时该系统的稳态误差为 0。

③ 动态性能：

a. 确定闭环极点，在此基础上确定主导极点。由 $\zeta = \cos\beta = 0.5$，$\beta = 60°$ 可知，在图中作与负实轴夹角成 $60°$

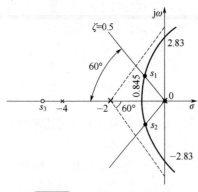

图 4-11 例 4-5 对应的根轨迹

的等阻线，与根轨迹的交点是：

$$s_1 = -0.67 + j1.16$$

$$s_2 = -0.67 - j1.16$$

由幅值条件，可求得对应极点 s_1、s_2 的增益值 K_g：

$$K_g = \frac{\prod\limits_{i=1}^{n}|s+p_i|}{\prod\limits_{j=1}^{m}|s+z_j|} = |s_1||s_1+2||s_1+4| = 1.33 \times 1.77 \times 3.53 = 8.3$$

闭环极点所对应的系统特征方程为

$$s^3 + 6s^2 + 8s + 8.3 = 0$$

由方程的根与系数之间的关系可得

$$s_1 + s_2 + s_3 = -6$$

所以，第三个闭环极点为：$s_3 = -(6 + s_1 + s_2) = -4.66$。

b. 确定主导极点，并求出动态性能指标。

3 个根为：$s_1 = -0.67 + j1.16$，$s_2 = -0.67 - j1.16$，$s_3 = -4.66$，实部之比 $\frac{4.66}{0.67} = 7$，可知，s_1 和 s_2 为系统的主导极点，而 s_3 对动态过程的影响可以忽略不计，由此可以把该系统作为二阶系统来分析。

由两个主导极点写出系统的特征方程：

$$(s-s_1)(s-s_2) = (s+0.67-j1.16)(s+0.67+j1.16) = s^2 +1.34s +1.79 = 0$$

从前面二阶系统的时域分析可知，当 $\zeta = 0.5$ 时，对应的

$$\omega_n = \sqrt{1.79} = 1.34\text{rad/s}$$

$$\omega_d = \omega_n \sqrt{1-\zeta^2} = 1.34 \times \sqrt{1-0.5^2} = 1.16\text{rad/s}$$

所以，系统的动态响应指标为

$$\sigma = e^{\frac{-\zeta\pi}{\sqrt{1-\zeta^2}}} \times 100\% = 16.3\%$$

$$t_s = \frac{3}{\zeta\omega_n} = 4.5\text{s}$$

4.4.3　系统性能与零、极点的关系

系统的性能受闭环系统零、极点位置的影响，可以归纳为以下几点：

① 稳定性。如果闭环极点全部位于 s 左半平面，则系统一定是稳定的，即稳定性只与闭环极点位置有关，而与闭环零点位置无关。

② 运动形式。如果闭环系统无零点，且闭环极点均为实数极点，则时间响应一定是单调的；如果闭环极点均为复数极点，则时间响应一定是振荡的。

③ 超调量。超调量主要取决于闭环复数主导极点的衰减率 $\dfrac{\sigma_1}{\omega_d} = \dfrac{\zeta}{\sqrt{1-\zeta^2}}$，并与其他闭环零、极点接近坐标原点的程度有关。

④ 调节时间。调节时间主要取决于最靠近虚轴的闭环复数极点的实部绝对值 $\sigma_1 = \zeta\omega_n$，如果实数极点距虚轴最近，并且它附近没有实数零点，则调节时间主要取决于该实数极点的模值。

⑤ 实数零、极点影响。零点减小系统阻尼，使峰值时间提前，超调量增大；极点增大系统阻尼，使峰值时间滞后，超调量减小。它们的作用随着其本身接近坐标原点的程度而加强。

⑥ 偶极子及其处理。如果零、极点之间的距离比它们本身的模值小一个数量级，则它们就构成了偶极子。远离原点的偶极子，其影响可忽略；接近原点的偶极子，其影响必须考虑。

⑦ 主导极点。在 s 平面上，最靠近虚轴而附近又无闭环零点的一些闭环极点，对系统性能影响最大，称为主导极点。凡比主导极点的实部大 3 倍以上的其他闭环零、极点，其影响均可忽略。

4.4.4　系统根迹线的改造

根轨迹的形状由系统开环零、极点的分布决定，若开环零、极点分布改变，根轨迹形状也会发生相应改变，系统的性能也就随之改变。因此，在系统中加入适当的开环零点或极点可以起到改善系统稳态和动态性能的作用。

图 4-12 为当系统中增加开环零点时对根轨迹的大致影响。

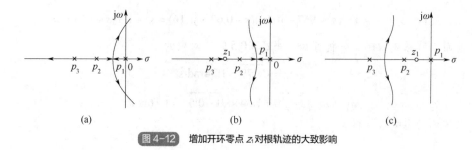

图 4-12　增加开环零点 z_1 对根轨迹的大致影响

图 4-13 为当系统中增加开环极点时对根轨迹的大致影响。

从图 4-12 中可以看出，增加开环零点时，根轨迹将向该零点的方向弯曲。

① 如果增加的零点位置位于左半平面，根轨迹会向左偏移，将改善系统的稳定性和动态性能；

② 如果增加的零点位置越靠近虚轴，系统的动态性能越强；

③ 如果增加的零点位置位于右半平面，将使系统的动态性能变差；

④ 若加入的零点和极点相距很近，则两者的作用相互抵消（称两者为开环偶极子），因此，也可用加入零点的方法来抵消有损于系统性能的极点。

从图 4-13 中可以看出，增加开环极点后，根轨迹会向右偏移，使系统的精度提高但稳定性变差，甚至不稳定。

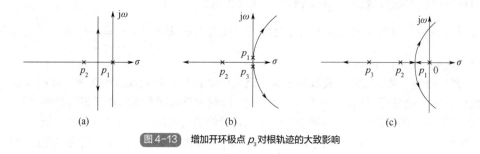

图 4-13　增加开环极点 p_3 对根轨迹的大致影响

本章小结

（1）根轨迹是一种图解的方法。利用根轨迹能够分析确定系统的稳定性和暂态响应特性。还可以用来改造系统，使其根轨迹满足自动控制系统期望的要求。

（2）绘制根轨迹应把握住本章介绍的 9 条基本规则，即绘制根轨迹首先用起终点法则、渐近线法则、实轴区段法则及根之和法则判断总体的特征，然后再计算虚轴交点等，尽可能避免全局失误。

（3）如果系统存在主导极点，则高阶系统可以降阶为一阶或二阶系统来近似计算其性能指标。

（4）增加合适的开环零点，有利于改善系统的稳定性及暂态性能；增加开环极点，不利于系统的稳定性及暂态性能；在原点附近增加合适的开环偶极子，能够提高系统的开环增益，改善系统的稳态精度。

习题

4-1 设单位反馈控制系统的开环传递函数为

$$G(s) = \frac{K(3s+1)}{s(2s+1)}$$

试用解析法绘出开环增益 K 从零增加到无穷时的闭环根轨迹图。

4-2 已知开环零、极点分布如题 4-2 图所示，试概略绘出相应的闭环根轨迹图。

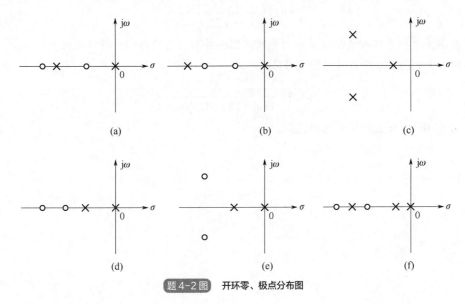

题 4-2 图 开环零、极点分布图

4-3 设单位反馈控制系统开环传递函数为

$$G(s) = \frac{K(s+1)}{s(2s+1)}$$

试概略绘出相应的闭环根轨迹图（要求确定分离点坐标 d）。

4-4 已知系统的开环传递函数为

$$G(s) = \frac{K}{s(s^2 + 3s + 9)}$$

试用根轨迹法确定使闭环系统稳定的开环增益 K 值范围。

4-5 已知开环传递函数为

$$G(s)H(s) = \frac{K^*}{s(s+4)(s^2 + 4s + 20)}$$

试概略画出闭环系统根轨迹图。

4-6 已知开环传递函数为

$$G(s) = \frac{K^*(s+2)}{(s^2 + 4s + 9)^2}$$

试用根轨迹法计算闭环系统根的位置。

4-7 某单位反馈系统的开环传递函数为

$$G(s) = \frac{K}{(0.5s+1)^4}$$

试用根轨迹法分析系统稳定性，并估算超调量 $\sigma = 16.3\%$ 时的 K 值。

4-8　试绘出下列多项式方程的根轨迹：

① $s^3 + 2s^2 + 3s + Ks + 2K = 0$ ；

② $s^3 + 3s^2 + (K+2)s + 10K = 0$ 。

4-9　设控制系统开环传递函数为

$$G(s) = \frac{K^*(s+1)}{s^2(s+2)(s+4)}$$

试分别画出正反馈系统和负反馈系统的根轨迹图，并指出它们的稳定情况有何不同。

4-10　设负反馈系统的开环传递函数为

$$G(s) = \frac{K}{(s+0.2)(s+0.5)(s+1)}$$

试绘制 K 由 $0 \to \infty$ 变化的闭环根轨迹图。

第 5 章

控制系统的频域分析法

本章思维导图

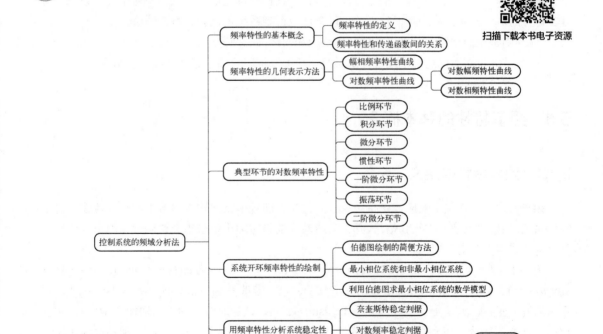

本章学习目标

（1）掌握频率特性的定义，能够把传递函数转换成频率特性。

（2）了解频率特性的几种表示方法，掌握极坐标图和伯德图。

（3）掌握典型环节的频率特性。

（4）掌握开环频率特性的绘制方法，熟悉伯德图的半对数坐标系。

（5）掌握采用频率特性分析系统性能的方法。

（6）掌握频率特性的一些关键指标。

频域分析法，与根轨迹分析法类似，是一种用图形来研究控制系统的分析方法。在工程实践中，主要关心控制系统的性能指标与系统结构参数之间的联系。采用频域法分析和设计系统具有以下优点：

① 不用求解闭环特征方程，利用图解法，根据频率特性曲线的形状，可以分析系统的性能，提出改进系统性能的方向，选择系统的结构和参数。

② 频率特性的物理意义明确。元部件或系统的频率特性可以采用频率特性测试仪测得。对于一阶系统和二阶系统，频域性能指标和时域性能指标有确定的对应关系。对于高阶系统，可建立近似的对应关系。应用频率特性法可以方便地得到系统定性和定量的结论。

③ 控制系统的频域设计可以兼顾动态响应和噪声抑制两方面的要求。

④ 频域分析法不仅适用于线性控制系统，还可以推广应用于某些非线性控制系统。

5.1 频率特性的基本概念

5.1.1 频率特性的定义

频率特性，又称频率响应，是指系统或元件在不同频率正弦输入信号下的响应特性。对于线性系统，如果输入信号为正弦信号，那么其所对应的稳态输出信号也会是同频率的正弦信号，只是幅值和相位发生了变化。

图 5-1 为一个线性定常系统，若 $r_1(t) = A\sin(\omega_1 t)$ ，其输出为 $c_1(t) = A_1 \sin(\omega_1 t + \varphi_1) = M_1 A \sin(\omega_1 t + \varphi_1)$ ，即振幅增加了 M_1 倍，相位超前了 φ_1 倍。若改变频率 ω ，使 $r_2(t) = A\sin(\omega_2 t)$ ，则系统的输出变为 $c_2(t) = A_2 \sin(\omega_2 t + \varphi_2) = M_2 A\sin(\omega_2 t + \varphi_2)$ ，这时输出的振幅增加了 M_2 倍，相位超前了 φ_2 倍。因此，以角频率 ω 为自变量，系统稳态输出的振幅增长倍数 M 和相位的变化量 φ 为两个应变量，这便是系统的频率特性。

同理，若在系统输入端加一个振幅为 A_r 、角频率为 ω 和初相为 φ_1 的正弦信号 $\gamma(t) = A_r \sin(\omega t + \varphi_1)$ ，那么经过一个过渡过程而达到稳态后，系统的输出端也将输出一个同频率的正弦信号 $c(t) = A_c \sin(\omega t + \varphi_2)$ 。可以看出，只是输出信号的振幅 A_c 和初相 φ_2 有所变化，振幅为输入的 $\dfrac{A_c}{A_r}$ 倍，相位超前了 $\angle \varphi_2 - \varphi_1$ 。

以角频率 ω 为自变量，系统稳态输出的振幅和相位为两个函数，可以表示为

$$G(\mathrm{j}\omega) = \frac{\dot{C}}{\dot{R}} = \frac{A_{\mathrm{c}}\sin(\omega t + \varphi_2)}{A_{\mathrm{r}}\sin(\omega t + \varphi_1)} = \frac{A_{\mathrm{c}}\angle\varphi_2}{A_{\mathrm{r}}\angle\varphi_1} = A(\omega)\angle\varphi(\omega) \qquad (5\text{-}1)$$

式中，$\dot{C}$ 表示输出正弦量的相量；$\dot{R}$ 表示输入正弦量的相量。

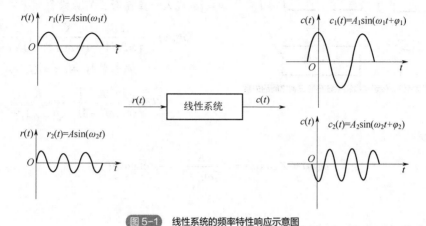

图 5-1　线性系统的频率特性响应示意图

$G(\mathrm{j}\omega)$ 称为系统的**频率特性**，它表示系统在正弦作用下，稳态输出的振幅、相位随频率变化的关系。

$$A(\omega) = \frac{A_{\mathrm{c}}}{A_{\mathrm{r}}} = \left| G(\mathrm{j}\omega) \right| \qquad (5\text{-}2)$$

称为系统的**幅频特性**。

$$\varphi(\omega) = \angle G(\mathrm{j}\omega) \qquad (5\text{-}3)$$

称为系统的**相频特性**。

频率特性 $G(\mathrm{j}\omega)$ 有两种书写形式，分别为指数形式和极坐标形式。指数形式和极坐标形式的表达式分别为

$$G(\mathrm{j}\omega) = A(\omega)\mathrm{e}^{\mathrm{j}\varphi(\omega)} \qquad (5\text{-}4)$$

$$G(\mathrm{j}\omega) = A(\omega)\angle\varphi(\omega) = \left| G(\mathrm{j}\omega) \right|\angle G(\mathrm{j}\omega) \qquad (5\text{-}5)$$

频率特性的定义既可以用于稳定系统，也可用于不稳定系统。稳定系统的频率特性可以用实验方法确定，即在系统的输入端施加不同频率的正弦信号，然后测量系统输出的稳态响应，再根据幅值比和相位差作出系统的频率特性曲线。

5.1.2　频率特性和传递函数之间的关系

如果已知系统或环节的传递函数，只要用 $\mathrm{j}\omega$ 置换其中的 s，就可以得到该系统或环节的频率特性。反过来看，如果能用实验方法获得系统或元部件的频率特性，则可由频率特性确定出系统或元部件的传递函数。频率特性和传递函数之间满足

$$G(\mathrm{j}\omega) = G(s)\big|_{s=\mathrm{j}\omega} \qquad (5\text{-}6)$$

微分方程、传递函数、频率特性三者之间是可以相互转换的，如图 5-2 所示。

下面通过例子来说明系统频率特性求取的方法。

例 5-1　设系统的传递函数为

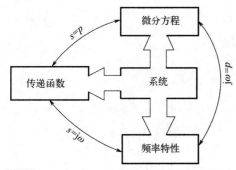

$$G(s) = \frac{K}{Ts+1}$$

求其频率特性。

解：根据频率特性与传递函数的关系，将 $s = j\omega$ 代入传递函数，可以求得频率特性为

$$G(j\omega) = \frac{K}{j\omega T+1} = \frac{K}{1+\omega^2 T^2} - j\frac{K\omega T}{1+\omega^2 T^2}$$

根据定义，幅频特性 $A(\omega) = |G(j\omega)|$，则

$$A(\omega) = \left| \frac{K}{j\omega T+1} \right| = \frac{K}{\sqrt{1+\omega^2 T^2}}$$

图 5-2 频率特性、传递函数和微分方程三者之间的关系

相频特性为

$$\varphi(\omega) = \angle G(j\omega) = \angle \frac{K}{j\omega T+1} = -\arctan(\omega T)$$

5.2 频率特性的几何表示方法

在工程分析和设计中，通常把线性系统的频率特性画成曲线，再运用图解法进行研究。

5.2.1 幅相频率特性曲线

幅相频率特性曲线简称**幅相曲线**，又称极坐标图或奈奎斯特（Nyquist）图。

在系统幅相曲线中，以横轴为实轴、纵轴为虚轴，构成复数平面，如图 5-3 所示。频率 ω 为参变量，当 ω 从 $0 \to \infty$ 变化时，矢量的端点在平面上画出一条曲线，这条曲线反映出以 ω 为参变量的模与幅角之间的关系。

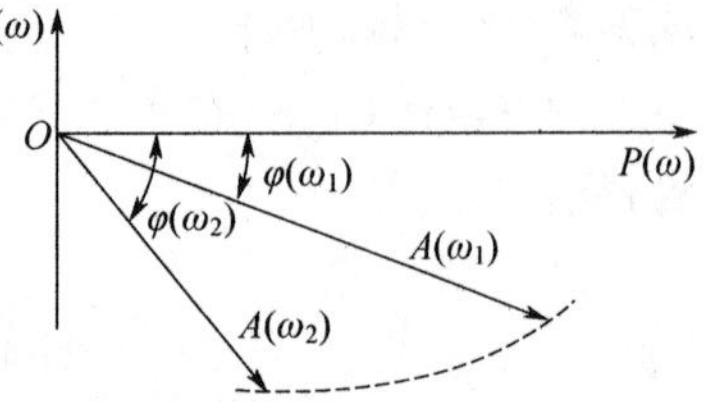

图 5-3 幅相特性表示法

以一阶系统 $G(s) = \dfrac{1}{Ts+1}$ 为例，其频率特性可以写为

$$G(j\omega) = \frac{1}{1+jT\omega} = \frac{1-jT\omega}{1+(T\omega)^2} \tag{5-7}$$

当 ω 从 $0 \to \infty$ 变化时，依次写出对应的幅值和相角，如表 5-1 所示。

表 5-1　当 ω 取不同值时系统对应的幅值和相角

	ω	0	$\dfrac{1}{2T}$	$\dfrac{1}{T}$	$\dfrac{2}{T}$	$\dfrac{3}{T}$	$\dfrac{4}{T}$	$\dfrac{5}{T}$	∞
$G(s) = \dfrac{1}{Ts+1}$	$A(\omega) = \dfrac{1}{\sqrt{1+(\omega T)^2}}$	1	0.89	0.71	0.45	0.32	0.24	0.20	0
	$\varphi(\omega) = -\arctan(\omega T)$	0	$-26°$	$-45°$	$-63.5°$	$-71.5°$	$-76°$	$-78.7°$	$-90°$

由此，在图上通过描点连线法，粗略绘制出幅相曲线，如图 5-4 所示。相角 $\varphi(\omega)$ 的大小与正负，从正实轴开始，逆时针方向为正，顺时针方向为负。

5.2.2　对数频率特性曲线

对数频率特性曲线又称伯德（Bode）曲线或伯德图。对数频率特性曲线由对数幅频曲线和对数相频曲线组成，简单来讲，就是将对数幅频曲线 $L(\omega)$ 与对数相频曲线 $\varphi(\omega)$ 分别画在半对数坐标上得到的图形，是工程中广泛使用的一组曲线。

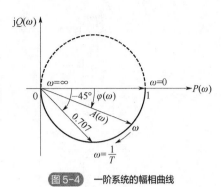

图 5-4　一阶系统的幅相曲线

（1）对数幅频曲线 $L(\omega)$

对数幅频曲线的**横坐标**采用对数刻度，按 $\lg\omega$ 分度，单位为弧度/秒（rad/s）；

对数幅频曲线的**纵坐标**按线性分度，用频率特性幅值的对数值乘以 20，单位是分贝（dB），即

$$L(\omega) = 20\lg\left|G(j\omega)\right| = 20\lg A(\omega) \qquad (5\text{-}8)$$

图 5-5 所示为横坐标的对数分度。在对数分度中，变量增大或减小 10 倍，称为 10 倍频程（dec），坐标间距离变化一个单位长度。

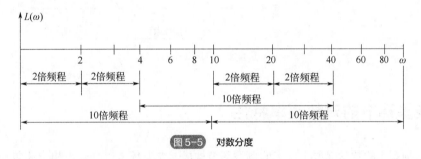

图 5-5　对数分度

图 5-6 称为半对数坐标系。对数幅频曲线就画在这张图上，它具有如下特点：

① 对数幅频特性图的纵坐标以 $L(\omega)$ 表示，单位为 dB，按比例分度，刻度均匀。

② 零频（$\omega=0$）不可能在横坐标上表达出来。

③ 横坐标是以对数 $\lg\omega$ 分度的角频率 ω，横轴对 ω 刻度不均匀，对 $\lg\omega$ 刻度均匀。

④ 如果 $L(\omega)$ 表达式中含有 $\lg\omega$，则 $L(\omega)$ 在半对数坐标中的图形为倾斜的直线。

⑤ 角频率 ω 变化倍数用频程表示。角频率 ω 变化 10 倍，在横坐标上距离的变化为一个单位，即 $\lg10=1$，称为一个"10 倍频程"，记为 dec。

（2）对数相频曲线 $\varphi(\omega)$

对数相频曲线的纵坐标按 $\varphi(\omega)$ 线性分度，单位为度。

对数频率特性表示为两个部分，记为

$$\text{对数幅频特性：} \quad L(\omega) = 20\lg A(\omega) \qquad (5\text{-}9)$$

$$\text{对数相频特性：} \quad \varphi(\omega)$$

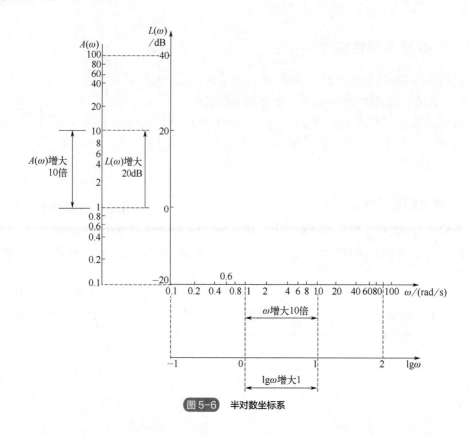

图5-6 半对数坐标系

5.3 典型环节的对数频率特性

自动控制系统的数学模型由许多的典型环节构成。典型环节可分最小相位环节和非最小相位环节两类。通常有 7 种最小相位环节，分别是比例环节、积分环节、微分环节、惯性环节、一阶微分环节、振荡环节、二阶微分环节。

下面依次对这 7 个环节的频率特性进行介绍，并在此基础上，介绍开环频率特性曲线的绘制方法。

5.3.1 比例环节

① 比例环节的传递函数为

$$G(s) = K \tag{5-10}$$

② 比例环节的频率特性为

$$G(j\omega) = K = K + j0 = Ke^{j0^\circ} \tag{5-11}$$

③ 幅频特性为

$$A(\omega) = |G(j\omega)| = K \tag{5-12}$$

④ 相频特性为

$$\varphi(\omega) = 0^\circ \tag{5-13}$$

⑤ 对数频率特性为

$$L(\omega) = 20\lg A(\omega) = 20\lg K , \quad \varphi(\omega) = 0° \tag{5-14}$$

⑥ 极坐标图。

比例环节的极坐标图为直角坐标系实轴上的 K 点，如图 5-7 所示。

⑦ 伯德图。

对数幅频曲线是一条通过纵轴的水平直线，高度为 $20\lg K$（dB）。对数相频曲线是一条与横轴重合的水平线，如图 5-8 所示。

$K > 1$，$L(\omega)$ 为正值，对数幅频曲线位于横轴上方；

$K < 1$，$L(\omega)$ 为负值，对数幅频曲线位于横轴下方；

$K = 1$，$L(\omega) = 0$，对数幅频曲线与横轴重合。

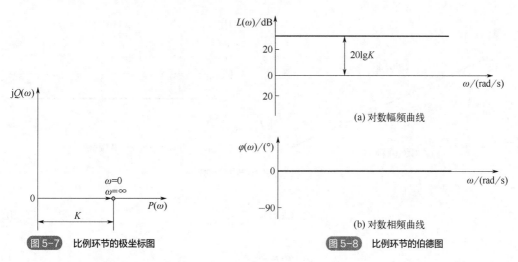

图 5-7 比例环节的极坐标图

(a) 对数幅频曲线

(b) 对数相频曲线

图 5-8 比例环节的伯德图

5.3.2 积分环节

① 积分环节的传递函数为

$$G(s) = \frac{1}{Ts} \tag{5-15}$$

② 积分环节的频率特性为

$$G(j\omega) = \frac{1}{jT\omega} = 0 - j\frac{1}{T\omega} = \frac{1}{T\omega}e^{-j90°} \tag{5-16}$$

③ 幅频特性为

$$A(\omega) = |G(j\omega)| = \frac{1}{T\omega} \tag{5-17}$$

④ 相频特性

$$\varphi(\omega) = -90° \tag{5-18}$$

⑤ 对数频率特性

$$L(\omega) = 20\lg A(\omega) = -20\lg T\omega , \quad \varphi(\omega) = -90° \tag{5-19}$$

⑥ 极坐标图。

由频率特性可知，当 ω 从 $0 \to \infty$ 时，实部为 0，虚部由 $-\infty$ 变化至 0，幅值曲线由虚轴的 $-\infty$ 处趋向零点，如图 5-9 所示。

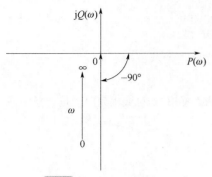

⑦ 伯德图。

$L(\omega)$为一条斜率为-20dB/dec 的直线，即每十倍频程下降 20dB，如图 5-10 所示。

当 $T=1$ 时，积分环节为理想积分环节，该直线通过横坐标 $\omega=1$；

当 $T\neq 1$ 时，该直线通过横坐标 $\omega=1/T$。

对数相频特性曲线 $\varphi(\omega)$ 是一条通过纵坐标 $\varphi(\omega)=-90°$处、与横轴平行的直线。

如果有 ν 个积分环节串联，则有

图 5-9　积分环节的极坐标图

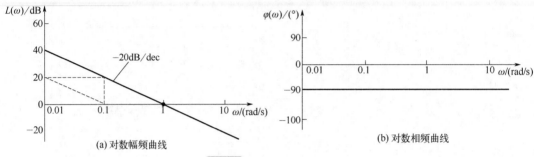

(a) 对数幅频曲线 　　　　　　　　　　　　　(b) 对数相频曲线

图 5-10　积分环节的伯德图

$$G(s) = \frac{1}{s^{\nu}} \tag{5-20}$$

$$G(j\omega) = \frac{1}{\omega^{\nu}} e^{-j90°\nu} \tag{5-21}$$

$$A(\omega) = \frac{1}{\omega^{\nu}} \tag{5-22}$$

$$\phi(\omega) = -90°\nu \tag{5-23}$$

$$L(\omega) = 20\lg\frac{1}{\omega^{\nu}} = -20\nu\lg\omega \tag{5-24}$$

若 $\nu=2$ 时，$L(\omega)=-40\lg\omega$，$\phi(\omega)=-180°$，伯德图如图 5-11 所示。

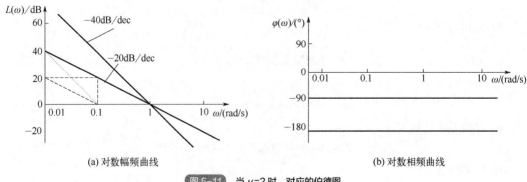

(a) 对数幅频曲线 　　　　　　　　　　　　　(b) 对数相频曲线

图 5-11　当 $\nu=2$ 时，对应的伯德图

5.3.3　微分环节

① 微分环节的传递函数为

$$G(s) = Ts \tag{5-25}$$

② 微分环节的频率特性为

$$G(j\omega) = jT\omega = T\omega e^{j90°} \tag{5-26}$$

③ 幅频特性为

$$A(\omega) = |G(j\omega)| = T\omega \tag{5-27}$$

④ 相频特性为

$$\varphi(\omega) = 90° \tag{5-28}$$

⑤ 对数频率特性为

$$L(\omega) = 20\lg A(\omega) = 20\lg(T\omega)，\quad \varphi(\omega) = 90° \tag{5-29}$$

⑥ 极坐标图。

由频率特性可知，当 ω 从 $0 \to \infty$ 时，实部为 0，虚部由 $-\infty$ 变化至 0，幅频曲线由虚轴的 $-\infty$ 处趋向零点，如图 5-12 所示。

⑦ 伯德图。

$L(\omega)$ 为一条斜率为 20dB/dec 的直线，即每十倍频程增加 20dB，如图 5-13 所示。

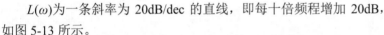

图 5-12　微分环节极坐标图

当 $T=1$ 时，微分环节为理想微分环节，该直线通过横坐标 $\omega=1$；当 $T \neq 1$ 时，该直线通过横坐标 $\omega=1/T$。

对数相频特性曲线 $\varphi(\omega)$ 是一条通过纵坐标 $\varphi(\omega) = 90°$ 处、与横轴平行的直线。

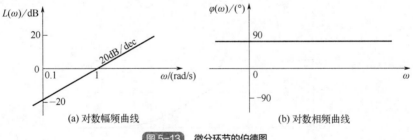

(a) 对数幅频曲线　　　　　　　　　　(b) 对数相频曲线

图 5-13　微分环节的伯德图

5.3.4　惯性环节

① 惯性环节的传递函数为

$$G(s) = \frac{1}{Ts+1} \tag{5-30}$$

② 惯性环节的频率特性为

$$G(j\omega) = \frac{1}{1+jT\omega} = \frac{1}{1+(T\omega)^2} - j\frac{\omega}{1+(T\omega)^2} = \frac{1}{\sqrt{1+T^2\omega^2}} e^{-j\arctan(T\omega)} \tag{5-31}$$

③ 幅频特性为

$$A(\omega) = |G(\mathrm{j}\omega)| = \frac{1}{\sqrt{1+T^2\omega^2}} \tag{5-32}$$

④ 相频特性为

$$\varphi(\omega) = -\arctan(T\omega) \tag{5-33}$$

⑤ 对数频率特性为

$$L(\omega) = 20\lg A(\omega) = -20\lg\sqrt{1+T^2\omega^2}, \quad \varphi(\omega) = -\arctan(T\omega) \tag{5-34}$$

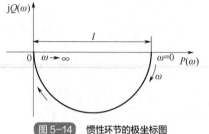

图 5-14 惯性环节的极坐标图

⑥ 极坐标图。

由频率特性可知，当 ω 从 $0 \to \infty$ 时，实部为从 $1 \to 0$，虚部由 $0 \to 0$，所以，对应的辐相图为圆心在 $(\frac{1}{2},0)$ 处，半径为 $\frac{1}{2}$ 的圆，如图 5-14 所示。

⑦ 伯德图。

对数频率特性见式（5-34）。

当 ω 取不同值的时候，计算出相对应的 $L(\omega)$ 值，在半对数坐标系上即可绘制出对数幅频曲线。图 5-15 为惯性环节的伯德图。

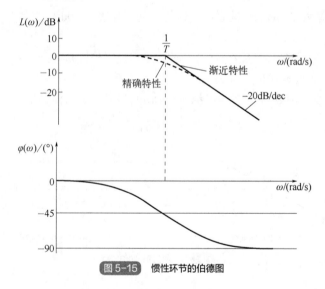

图 5-15 惯性环节的伯德图

在工程上，常采用分段直线来表示对数幅频曲线。

① 低频段：当 $T\omega \ll 1$ 或 $\omega \ll 1/T$ 时，系统处于低频段。此时，$T^2\omega^2$ 可近似取值为 0，对应的 $L(\omega) \approx -20\lg\sqrt{1} = 0$。

② 高频段：当 $T\omega \gg 1\omega \gg 1/T$ 时，系统处于高频段，对应的 $L(\omega) \approx -20\lg T\omega$，是斜率为 -20（dB/dec）、与横轴相交于 $\omega = 1/T$ 处的一条直线。

由这两个频段的渐近线组成的图，称为渐近对数幅频特性，简称渐近曲线。

两条渐近线相交的交点频率 $\omega = 1/T$，称为转折频率。

渐近对数幅频特性与实际的幅频特性之间存在误差，需要通过误差修正来提高曲线的精度，图 5-15 中的虚线即为修正后的曲线。精确曲线可以通过渐近线修正法来获得。具体方法如下：

① 写出误差修正量表达式。

$$\Delta L(\omega) = \begin{cases} -20\lg\sqrt{1+\omega^2 T^2}, & \omega \ll \dfrac{1}{T} \\ -20\lg\sqrt{1+\omega^2 T^2} + 20\lg(T\omega), & \omega > \dfrac{1}{T} \end{cases} \tag{5-35}$$

② 求出当 $\omega = \dfrac{1}{T}$ 时对应的 $L_{\text{准}}(\omega)$ 值。

$$\Delta L(\omega)\Big|_{\omega=\frac{1}{T}} = -20\lg\sqrt{T^2\omega^2 + 1}\Big|_{\omega=\frac{1}{T}} = -20\lg\sqrt{2} = -3.01(\mathrm{dB}) \tag{5-36}$$

相频特性 $\varphi(\omega) = -\arctan(T\omega)$，当 ω 取不同值时，可以对应不同的相角。

$$\omega = 0 \text{时}, \quad \varphi(\omega) = 0°$$

$$\omega = \frac{1}{T} \text{时}, \quad \varphi(\omega) = -45°$$

$$\omega = \infty \text{时}, \quad \varphi(\omega) = -90°$$

惯性环节的相移与频率是成反正切关系的,所以,相频特性在 $(\dfrac{1}{T}, -45°)$ 这一点是斜对称的,如图 5-16 所示。

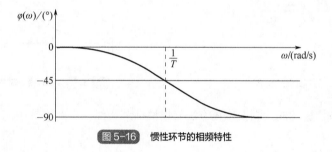

图 5-16　惯性环节的相频特性

5.3.5　一阶微分环节

① 一阶微分环节的传递函数为

$$G(s) = 1 + Ts \tag{5-37}$$

② 一阶微分环节的频率特性为

$$G(\mathrm{j}\omega) = 1 + \mathrm{j}T\omega = \sqrt{1+T^2\omega^2}\,\mathrm{e}^{\mathrm{j}\arctan(\tau\omega)} \tag{5-38}$$

③ 幅频特性为

$$A(\omega) = |G(\mathrm{j}\omega)| = \sqrt{1+T^2\omega^2} \tag{5-39}$$

④ 相频特性为

$$\varphi(\omega) = \arctan(T\omega) \tag{5-40}$$

⑤ 对数频率特性为

$$L(\omega) = 20\lg A(\omega) = 20\lg\sqrt{1+T^2\omega^2}, \quad \varphi(\omega) = \arctan(T\omega) \tag{5-41}$$

⑥ 极坐标图。

由频率特性可知，实部为 1，与 ω 无关，虚部随着 ω 变大而变大，如图 5-17 所示。

⑦ 伯德图。

对数频率特性见式（5-41）。

当 ω 取不同值的时候，计算出相对应的 $L(\omega)$ 值，在半对数坐标系上即可绘制出对数幅频曲线。图 5-18 为一阶微分环节的伯德图。

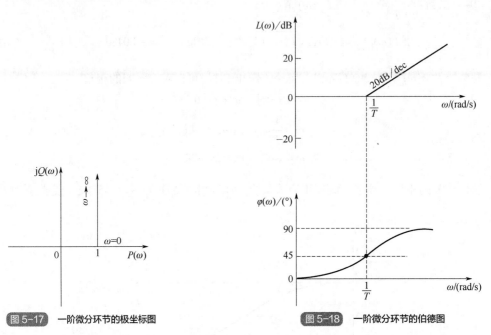

图 5-17　一阶微分环节的极坐标图　　　　图 5-18　一阶微分环节的伯德图

一阶微分环节伯德图的绘制及修正方法与惯性环节类似，在此不赘述。

5.3.6　振荡环节

① 振荡环节的传递函数为

$$G(s) = \frac{1}{T^2 s^2 + 2\zeta Ts + 1} \tag{5-42}$$

② 振荡环节的频率特性为

$$G(j\omega) = \frac{1}{\sqrt{[1-(T\omega)^2]^2 + (2\zeta T\omega)^2}} \angle -\arctan\frac{2\zeta T\omega}{1-(T\omega)^2} \tag{5-43}$$

③ 幅频特性为

$$A(\omega) = |G(j\omega)| = \frac{1}{\sqrt{[1-(T\omega)^2]^2 + (2\zeta T\omega)^2}} \tag{5-44}$$

④ 相频特性为

$$\varphi(\omega) = -\arctan\frac{2\zeta T\omega}{1-(T\omega)^2} \tag{5-45}$$

⑤ 对数频率特性为

$$L(\omega) = 20\lg A(\omega) = 20\lg \frac{1}{\sqrt{(1-T^2\omega^2)^2 + (2\zeta T\omega)^2}} = -20\lg \sqrt{(1-T^2\omega^2)^2 + (2\zeta T\omega)^2} \quad (5\text{-}46)$$

⑥ 极坐标图。

振荡环节有 ζ 和 ω 两个变量。以 ζ 为参变量时，计算 ω 为不同值时的实部和虚部，就可以在复平面上绘制出该环节的幅相频率曲线，如图 5-19 所示。

曲线的形状与 ζ 有关，从图 5-19 中可以看出，在 $\omega = \omega_p$ 时产生了谐振，幅频出现了峰值。峰值频率和谐振峰值可以通过幅频特性对 ω 求导数得到，即

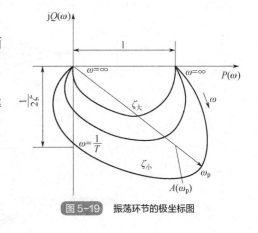

图 5-19　振荡环节的极坐标图

$$\frac{\mathrm{d}A(\omega)}{\mathrm{d}\omega} = \frac{-\left[-\dfrac{2\omega}{\omega_n^2}\left(1-\dfrac{\omega^2}{\omega_n^2}\right)\right] + 4\zeta^2 \dfrac{\omega}{\omega_n^2}}{\left[\left(1-\dfrac{\omega^2}{\omega_n^2}\right)^2 + 4\zeta^2 \dfrac{\omega^2}{\omega_n^2}\right]^{\frac{3}{2}}} = 0 \quad (5\text{-}47)$$

求得峰值频率为 $\omega_p = \dfrac{1}{T}\sqrt{1-2\zeta^2} = \omega_n\sqrt{1-2\zeta^2}$，$\omega_p$ 与 ζ 有关。

当 $\zeta = \dfrac{\sqrt{2}}{2}$ 时，$\omega_p = 0$；当 $\zeta > \dfrac{\sqrt{2}}{2}$ 时，ω_p 为虚数，不存在谐振峰值；当 $0 < \zeta < \dfrac{\sqrt{2}}{2}$ 时，ω_p 为虚数。把 ω_p 代入幅频特性中，即可求出谐振峰值：

$$A(\omega_p) = M_p = \frac{1}{2\zeta\sqrt{1-\zeta^2}} \quad (5\text{-}48)$$

⑦ 伯德图。

振荡环节的对数频率特性见式（5-46）。渐近性幅频特性未考虑到 ζ 变化。

低频段时，$T\omega \ll 1$ 或 $\omega \ll 1/T$，$T^2\omega^2$ 可近似取值为 0，对应的 $L(\omega) \approx 0$，是一条与横轴重合的直线。

高频段时，$T\omega \gg 1$ 或 $\omega \gg 1/T$，对应的 $L(\omega) \approx -20\lg(T\omega)^2 = -40\lg(T\omega)$，是斜率为 -40（dB/dec）、与横轴相交于 $\omega=1/T$ 处的一条直线。

与前面讲述的惯性环节类似，低频段和高频段的两条渐近线衔接起来构成的折线就是振荡环节的渐近幅频特性。$\omega=1/T$ 称为交接频率或者转折频率。

而实际上，准确的幅频特性是与 ζ 相关的。当 ζ 取不同值时，随着 ω 的变化，计算出相对应的 $L(\omega)$ 值，在半对数坐标系上即可绘制出对数幅频曲线，可以看出 ζ 取不同值时曲线的变化。图 5-20 所示为通过误差修正得到的曲线。

对数相频特性，可依据

$$\varphi(\omega) = -\arctan \frac{2\zeta T\omega}{1-(T\omega)^2} \quad (5\text{-}49)$$

通过描点绘出。当 $\omega \to 0$ 时，$\varphi(\omega) \to 0°$；当 $\omega = \dfrac{1}{T}$ 时，$\varphi(\omega) = -90°$；当 $\omega \to \infty$ 时，$\varphi(\omega) \to -180°$。

相频曲线也是随 ζ 变化而变化的。

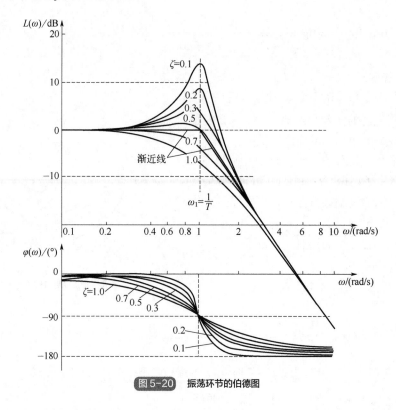

图 5-20　振荡环节的伯德图

5.3.7　二阶微分环节

① 二阶微分环节的传递函数为

$$G(s) = 1 + 2\zeta Ts + T^2 s^2 \qquad (5\text{-}50)$$

② 二阶微分环节的频率特性为

$$G(j\omega) = 1 + j2\zeta T\omega - T^2\omega^2 = (1 - T^2\omega^2) + j2\zeta T = \sqrt{(1-T^2\omega^2)^2 + (2\zeta T\omega)^2}\, e^{j\arctan\frac{2\zeta T\omega}{1-T^2\omega^2}} \qquad (5\text{-}51)$$

③ 幅频特性为

$$A(\omega) = \left| G(j\omega) \right| = \sqrt{(1-T^2\omega^2)^2 + (2\zeta T\omega)^2} \qquad (5\text{-}52)$$

④ 相频特性为

$$\varphi(\omega) = \arctan\frac{2\zeta T\omega}{1-(T\omega)^2} \qquad (5\text{-}53)$$

⑤ 对数频率特性为

$$L(\omega) = 20\lg A(\omega) = 20\lg\sqrt{(1-T^2\omega^2)^2 + (2\zeta T\omega)^2} \qquad (5\text{-}54)$$

⑥ 伯德图（图 5-21）。

二阶微分环节的对数幅频特性为：

低频段时，$T\omega \ll 1$ 或 $\omega \ll 1/T$，$T^2\omega^2$ 可近似取值为 0，对应的 $L(\omega) \approx 0$，是一条与横轴重合的直线。

高频段时，$T\omega \gg 1$ 或 $\omega \gg 1/T$，对应的 $L(\omega) \approx$
$L(\omega) \approx 20\lg(T\omega)^2 = 40\lg(T\omega)$，是斜率为 40（dB/dec）、
与横轴相交于 $\omega=1/T$ 处的一条直线。

上面介绍了 7 个典型环节，积分环节和微分环节，惯
性环节和一阶微分环节，振荡环节和二阶微分环节的传
递函数互为倒数关系。

即有下述关系成立：

$$G_1(s) = \frac{1}{G_2(s)} \tag{5-55}$$

设 $G_1(j\omega) = A_1(\omega)e^{j\varphi_1(\omega)}$，则

$$\begin{cases} \varphi_2(\omega) = -\varphi_1(\omega) \\ L_2(\omega) = 20\lg A_2(\omega) = 20\lg\dfrac{1}{A_1(\omega)} = -L_1(\omega) \end{cases} \tag{5-56}$$

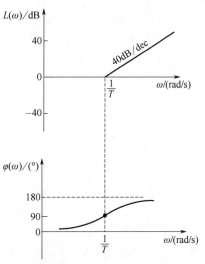

图 5-21　二阶微分环节的伯德图

由此可知，传递函数互为倒数的典型环节，其对数频
率曲线是关于频率轴互为镜像的。

7 个典型环节的频率特性如表 5-2 所示。

表 5-2　7 个典型环节的频率特性

典型环节	传递函数	幅频特性	相频特性	斜率 / (dB/dec)
比例环节	$G(s) = K$	$A(\omega) = K$	$\varphi(\omega) = 0°$	0
积分环节	$G(s) = \dfrac{1}{Ts}$	$A(\omega) = \dfrac{1}{T\omega}$	$\varphi(\omega) = -90°$	-20
微分环节	$G(s) = Ts$	$A(\omega) = T\omega$	$\varphi(\omega) = 90°$	20
惯性环节	$G(s) = \dfrac{1}{Ts+1}$	$A(\omega) = \dfrac{1}{\sqrt{1+(T\omega)^2}}$	$\varphi(\omega) = -\arctan(T\omega)$	0 和 -20
一阶微分环节	$G(s) = Ts+1$	$A(\omega) = \sqrt{1+(T\omega)^2}$	$\varphi(\omega) = \arctan(T\omega)$	0 和 20
振荡环节	$G(s) = \dfrac{1}{T^2s^2 + 2\zeta Ts + 1}$	$A(\omega) = \dfrac{1}{\sqrt{[1-(T\omega)^2]^2 + (2\zeta T\omega)^2}}$	$\varphi(\omega) = -\arctan\dfrac{2\zeta T\omega}{1-(T\omega)^2}$	0 和 -40
二阶微分环节	$G(s) = 1 + 2\zeta Ts + T^2s^2$	$A(\omega) = \sqrt{(1-T^2\omega^2)^2 + (2\zeta T\omega)^2}$	$\varphi(\omega) = \arctan\dfrac{2\xi T\omega}{1-(T\omega)^2}$	0 和 40

5.4　系统开环频率特性的绘制

控制系统的开环传递函数都是由若干个典型环节串联组成的，也即系统的开环传递函数可

以转化为若干个典型环节传递函数相乘的形式。

设系统开环传递函数为 $G(s)$，各环节的传递函数分别为 $G_1(s)$，$G_2(s)$，$\cdots$，$G_i(s)$，$\cdots$，$G_N(s)$，则该传递函数可以写成

$$G(s) = \prod_{i=1}^{N} G_i(s) \tag{5-57}$$

设典型环节的频率特性为

$$G_i(j\omega) = A_i(\omega)e^{j\varphi_i(\omega)} \tag{5-58}$$

则系统开环频率特性为

$$G(j\omega) = \left[\prod_{i=1}^{N} A_i(\omega)\right] e^{j\left[\sum_{i=1}^{N} \varphi_i(\omega)\right]} \tag{5-59}$$

系统开环幅频特性和开环相频特性分别为

$$A(\omega) = \prod_{i=1}^{N} A_i(\omega), \quad \varphi(\omega) = \sum_{i=1}^{N} \varphi_i(\omega) \tag{5-60}$$

系统开环对数幅频特性为

$$L(\omega) = 20\lg A(\omega) = \sum_{i=1}^{N} 20\lg A_i(\omega) = \sum_{i=1}^{N} L_i(\omega) \tag{5-61}$$

式（5-60）和式（5-61）表明，系统开环频率特性表现为组成开环系统的各典型环节频率特性的合成；而系统开环对数频率特性，则表现为各典型环节对数频率特性叠加这一更为简单的形式。

5.4.1　伯德图绘制的简便方法

（1）对数幅频特性 $L(\omega)$ 的绘制

① 将系统的开环传递函数转化为典型环节相乘的标准形式，即将分母常数项转化为 1。

② 由开环传递函数标准形式求出 K 及 v 的值，计算 $20\lg K$ 的值。其中，K 为开环增益（即开环放大倍数），v 为理想积分环节的个数。

③ 在半对数坐标系上，找到横坐标为 $\omega=1$、纵坐标为 $L(\omega) = 20\lg K$ 的点。

④ 画低频渐近线。经过点（1，$20\lg K$）作一条斜率为 $-20v$ dB/dec 的直线。其中，v 为积分环节的个数。

⑤ 计算各典型环节的转折频率，并按照转折频率的大小从小到大标注在横坐标上。建立半对数坐标系，一般最低频率为系统最低转折频率的 0.1 左右，最高频率为最高转折频率的 10 倍左右。

⑥ 从低频渐近线开始，在每个转折频率处，按下列原则依次改变 $L(\omega)$ 的斜率：

a.若过惯性环节的转折频率，斜率减去 20dB/dec；

b.若过一阶微分环节的转折频率，斜率增加 20dB/dec；

c.若过二阶振荡环节的转折频率，斜率减去 40dB/dec；

d.若过二阶微分环节的转折频率，斜率增加 40dB/dec。

⑦ 若有需要，可以对渐近线进行修正，以获得较精确的对数幅频特性曲线。

（2）对数相频特性 $\varphi(\omega)$ 的绘制

① 由开环传递函数 $G(s)$ 确定 v、m、n 值及 $\varphi(\omega)$ 的表达式。

② $\omega \to 0$ 时，$\varphi(\omega)$ 曲线趋近于 $-90° \times v$；$\omega \to \infty$ 时，$\varphi(\omega)$ 曲线趋近于 $-90° \times (n-m)$。

③ 由 $\varphi(\omega)$ 的表达式计算 ω 的几个特定值对应的 $\varphi(\omega)$ 值。

④ 按如下对应关系描点连线：

a. 在 $L(\omega)$ 的 -20 斜率频段，$\varphi(\omega)$ 曲线接近 $-90°$；

b. 在 $L(\omega)$ 的 -40 斜率频段，$\varphi(\omega)$ 曲线接近 $-180°$；

c. 在 $L(\omega)$ 的 -60 斜率频段，$\varphi(\omega)$ 曲线接近 $-270°$。

例 5-2　某系统方块图如图 5-22 所示，试画出该系统的开环频率特性图，即伯德图。

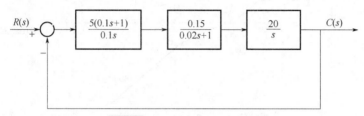

图 5-22　例 5-2 所示系统的方块图

解： 由图 5-22 可知，系统开环传递函数 $G(s)$ 为三个环节的乘积，即

$$G_0(s) = \frac{5(0.1s+1)}{0.1s} \times \frac{0.15}{0.02s+1} \times \frac{20}{s}$$

依据绘制伯德图的渐变画法，依次画出对数幅频特性 $L(\omega)$ 和对数相频特性 $\varphi(\omega)$。

（1）对数幅频特性 $L(\omega)$ 的绘制

① $G(s)$ 标准形式为

$$\begin{aligned}
G(s) &= \frac{5(0.1s+1)}{0.1s} \times \frac{0.15}{0.02s+1} \times \frac{20}{s} \\
&= \frac{150(0.1s+1)}{s^2(0.02s+1)} \\
&= 150 \times \frac{1}{s^2} \times \frac{1}{(0.02s+1)} \times (0.1s+1)
\end{aligned}$$

由以下典型环节组成：1 个比例环节、2 个积分环节、1 个惯性环节和 1 个一阶微分环节。

② 确定 K 值和积分环节个数 v，计算 $20\lg K$：

$$K=150,\quad v=2,\quad 20\lg K = 20\lg 150 = 43.5 \text{dB}$$

③ 低频段渐近线。

低频渐近线经过点（1，$20\lg K$），斜率为 $-20v = -20 \times 2 = -40 \text{dB/dec}$。

④ 中、高频段渐近线。

按从小到大的顺序依次写出各环节的转折频率：

一阶微分环节的转折频率：$\omega_1 = \dfrac{1}{0.1s} = 10 \text{rad/s}$

惯性环节的转折频率：$\omega_2 = \dfrac{1}{0.02s} = 50 \text{rad/s}$

因此，从低频段−40dB/dec 开始，经过 $\omega_1 = 10$rad/s 处，遇到一阶微分环节，斜率增加 20dB/dec，变成−20dB/dec 的直线；经过 $\omega_2 = 50$rad/s 处，又遇到惯性环节，斜率减去 20dB/dec，变成−40dB/dec 的直线。绘制的对数幅频特性如图 5-23 所示。

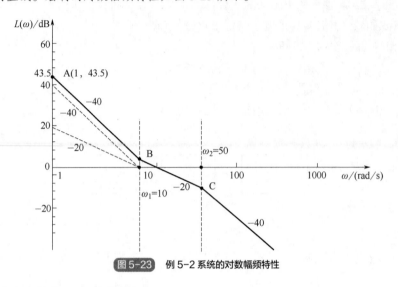

图 5-23 例 5-2 系统的对数幅频特性

（2）对数相频特性 $\varphi(\omega)$ 的绘制

$$\varphi(\omega) = 0° + 2 \times (-90°) + \arctan(0.1\omega) - \arctan(0.02\omega)$$

① 由 $G(s)$ 知，$v = 2$，$m=1$，$n=3$。

② $\omega \to 0$ 时，$\varphi(\omega)$ 曲线趋近于−90°×$v = -180°$；$\omega \to \infty$ 时，$\varphi(\omega)$ 曲线趋近于−90°×$(n-m)=-180°$。

③ 求特定值：

$\omega/$(rad/s)	1	10	50	100
$\varphi(\omega)/$ (°)	−175.40	−146.30	−146.30	−161.10

④ 描点连线，画出 $\varphi(\omega)$ 曲线，如图 5-24 所示。

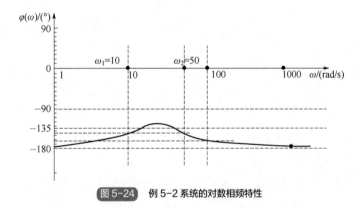

图 5-24 例 5-2 系统的对数相频特性

5.4.2 最小相位系统与非最小相位系统

简单来讲，一个控制系统，若其对应的传递函数在 s 右半平面上既无极点又无零点，称为最小相位传递函数；否则，称为非最小相位传递函数。具有最小相位传递函数的系统，称为最小相位系统。

对于最小相位系统，根据系统的对数幅频特性就可以唯一地确定相应的相频特性和传递函数。因此，从系统建模与分析设计的角度看，只要绘出系统的幅频特性，就可以确定出系统的数学模型，即传递函数。

下面介绍通过开环系统的伯德图求取系统传递函数的步骤和方法。对于最小相位系统，首先根据伯德图的典型特征确定相关参数。

① 若系统对数幅频曲线斜率变化了 20dB/dec，则存在惯性环节，传递函数记为

$$G(s) = \frac{1}{T_i s + 1} \tag{5-62}$$

式中，$T_i = \dfrac{1}{\omega_i}$，$\omega_i$ 为转折频率。

② 若系统对数幅频曲线斜率变化了 20dB/dec，则存在微分环节，传递函数记为

$$G(s) = T_i s + 1 \tag{5-63}$$

式中，$T_i = \dfrac{1}{\omega_i}$，$\omega_i$ 为转折频率。

③ 若系统对数幅频曲线斜率变化了 −40dB/dec，则存在振荡环节，传递函数记为

$$G(s) = \frac{1}{\dfrac{s^2}{\omega_n^2} + \dfrac{2\zeta s}{\omega_n} + 1} \tag{5-64}$$

式中，ω_n 为转折频率。

下面通过例题来说明用伯德图求取最小相位系统传递函数的过程。

例 5-3 已知最小相位系统的开环对数幅频特性曲线如图 5-25 所示，其中 ω_1、ω_2、ω_3、ω_c 为已知，试求出系统的开环传递函数。

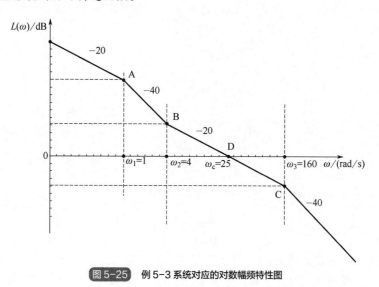

图 5-25 例 5-3 系统对应的对数幅频特性图

解： 由图可知

① 低频渐近线斜率为 −20dB/dec，又因低频渐近线斜率 $-20\nu = -20$，所以 $\nu = 1$。

② 存在 3 个转折频率，分别是 $\omega_1 = 1$，$\omega_2 = 4$，$\omega_3 = 160$，其对应的时间常数分别为

$$T_1 = \frac{1}{1} = 1$$

$$T_2 = \frac{1}{4} = 0.25$$

$$T_3 = \frac{1}{160} = 0.00625$$

③ 在 $\omega_1 = 1$ 处，斜率为 −20，遇到的是惯性环节，传递函数表示为

$$G_1(s) = \frac{1}{T_1 s + 1} = \frac{1}{s + 1}$$

在 $\omega_1 = 4$ 处，斜率为 20，遇到的是一阶微分环节，传递函数表示为

$$G_2(s) = T_2 s + 1 = 0.25s + 1$$

在 $\omega_1 = 160$ 处，斜率为 −20，遇到的是惯性环节，递函数表示为

$$G_3(s) = \frac{1}{T_3 s + 1} = \frac{1}{0.00625s + 1}$$

④ 系统对应的传递函数为

$$G(s) = G_1(s)G_2(s)G_3(s) = K\frac{1}{s+1}(0.25s+1)\frac{1}{0.00625s+1}$$

⑤ 确定 K 值。

由图可知，$L_A = 20\lg K$，因为 BD 段斜率为

$$-20 = \frac{0 - L_B}{\lg \omega_c - \lg \omega_2} = \frac{0 - L_B}{\lg 25 - \lg 4}$$

所以，解得此方程

$$L_B = 20(\lg 25 - \lg 4) = 20\lg \frac{25}{4}$$

又因为 AB 段斜率为

$$-40 = \frac{L_B - L_A}{\lg \omega_2 - \lg \omega_1} = \frac{L_B - L_A}{\lg 4 - \lg 1}$$

所以

$$L_A = L_B + 40\lg 4$$

$$L_A = 20\lg \frac{25}{4} + 20\lg 16$$

$$= 20\lg \left(\frac{25}{4} \times 16 \right)$$

$$= 20\lg 100$$

$$= 40$$

因为 $L_A = 20\lg K = 40$，所以，$K = 100$。

通过上面的求解，最终求得系统的传递函数为

$$G(s) = \frac{K(T_2 s + 1)}{s(T_1 s + 1)(T_3 s + 1)} = \frac{100(0.25s + 1)}{s(s + 1)(0.00625s + 1)}$$

5.5 用频率特性分析系统的稳定性

控制系统的闭环稳定性是系统分析和设计所需解决的首要问题，奈奎斯特（Nyguist）稳定判据（简称奈氏判据）和对数频率稳定判据是常用的两种频域稳定判据。频域稳定判据的特点是用开环系统频率特性曲线去判定闭环系统的稳定性。

5.5.1 奈奎斯特稳定判据

（1）奈奎斯特稳定判据的角度表示法

系统闭环稳定的充分必要条件是：当频率 ω 从 $0 \to \infty$ 变化时，系统的开环幅相频率特性曲线 $G_k(j\omega)$ 逆时针绕（-1，$j0$）点的角度为 $P\pi$。其中，P 为系统开环传递函数 $G_k(s)$ 位于 s 右半平面的极点数。

如果闭环系统的开环传递函数 $G(s)$ 在 s 平面的右半平面没有极点，闭环稳定的充分必要条件是：当频率 ω 从 $0 \to \infty$ 变化时，系统的开环幅相频率特性曲线不包围（-1，$j0$）点，如图 5-26（a）所示。否则，闭环系统不稳定，如图 5-26（b）（c）所示。

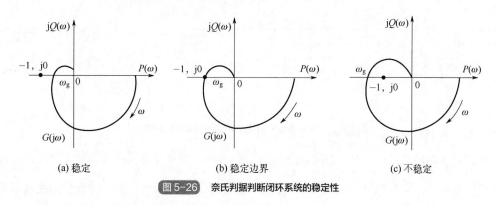

(a) 稳定　　　　　　　　(b) 稳定边界　　　　　　　　(c) 不稳定

图 5-26 奈氏判据判断闭环系统的稳定性

（2）奈奎斯特稳定判据的圈数表示法

① 若开环传递函数有正实部的极点，且个数为 P。闭环系统稳定的充要条件是：

当 ω 从 $-\infty$ 变化到 $+\infty$ 时，开环幅相特性曲线 $G_k(j\omega)$ 逆时针包围（-1，$j0$）点的圈数 $N=P$。否则，闭环系统不稳定。

② 若开环传递函数无正极点，即个数 $P=0$。闭环系统稳定的充要条件是：

当 ω 从 $-\infty$ 变化到 $+\infty$ 时，开环幅相特性曲线 $G_k(j\omega)$ 不包围（-1，$j0$）点，即圈数 $N=0$。否则，闭环系统不稳定。

可得 $Z = P - N$，如果 $Z = 0$，则闭环系统稳定。设 Z 为闭环极点在 s 右半平面的个数，顺时针绕时，圈数 N 取负值，逆时针绕时，圈数 N 取正值。

例 5-4 某单位反馈系统，开环传递函数为

$$G_k(s) = \frac{2}{s-1}$$

试用奈氏判据判别系统稳定性。

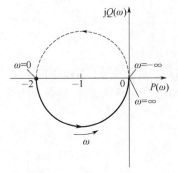

图 5-27　例 5-4 对应系统的极坐标图

解：

① 作出 ω 从 $-\infty$ 变化到 $+\infty$ 时系统的极坐标图 $G_k(j\omega)$，如图 5-27 所示。

② 由开环传递函数可知，系统含有一个正极点，即 $P=1$。

③ 由极坐标图可以看出，当 ω 从 $-\infty \to \infty$ 时，$G_k(j\omega)$ 逆时针包围（-1，$j0$）点一圈，即 $N=1$。

④ 由公式计算得，$Z=P-N=0$，所以闭环系统稳定。

（3）奈奎斯特稳定判据的几点说明

① 如果系统只是有 ω 从 $0 \to +\infty$ 时的开环幅相频率特性曲线，可以把奈氏判据的数学表达式变化为：$Z = P - 2N'$，其中，N' 表示当 ω 从 $0 \to +\infty$ 时的开环幅相频率特性曲线围绕（-1，$j0$）点的圈数。顺时针绕时，圈数 N' 取负值，逆时针绕时，圈数 N' 取正值。

② 若开环传递函数含有积分环节时，需要作增补特性曲线，如图 5-28 所示。

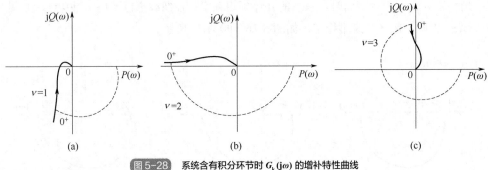

图 5-28　系统含有积分环节时 $G_k(j\omega)$ 的增补特性曲线

当含有积分环节时，$G_k(j\omega)$ 曲线将不封闭，这时需要作增补特性曲线，即从 0^+ 沿逆时针方向，半径为 ∞，作 $\dfrac{\nu}{4}$ 圈弧连接到实数轴的正半轴。其中，ν 为积分个数，得到封闭曲线后再使用奈氏判据。

例 5-5　某单位反馈系统的开环传递函数为

$$G_k(s) = \frac{4.5}{s(2s+1)(s+1)}$$

试用奈氏判据判别系统稳定性。

解：首先作出系统的开环幅相频率曲线，如图 5-29 所示，考虑积分环节的增补频率特性、开环系统幅相频率特性，从系统开环传递函数表达式中可知，$P=0$；顺时针包围（-1，$j0$）点一圈，所以 $N'=-1$；根据稳定判据，$Z = P - N = P - 2N' = 0 - 2 \times (-1) = 2 \neq 0$。

所以，不满足奈氏判稳条件，系统不稳定。

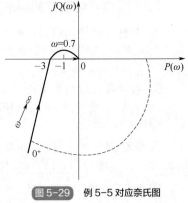

图 5-29　例 5-5 对应奈氏图

5.5.2　开环稳定系统的对数频率稳定判据

极坐标图上以原点为圆心的单位圆对应于对数坐标系上的 0dB 线，极坐标图上的负实轴对应于对数坐标系上的 $\varphi(\omega) = -180°$ 线，如图 5-30 所示。

若开环系统是稳定的，则闭环系统稳定的充要条件是：当对数幅频特性 $L(\omega)$ 穿越 0dB 线时，即当 $L(\omega_c) = 0$ 时，对应的相频特性 $\varphi(\omega_c)$ 在 $-180°$ 线的上方。图 5-31 为对数稳定判据在极坐标图和对数坐标系上的对照。

穿越 0dB 线的频率值 ω_c 称为**截止频率**，即 $\omega = \omega_c$ 时，有 $L(\omega_c) = 0$ 或 $A(\omega_c) = 1$，即

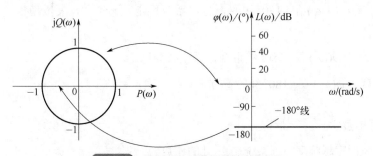

图 5-30 极坐标图与对数坐标图的对应关系

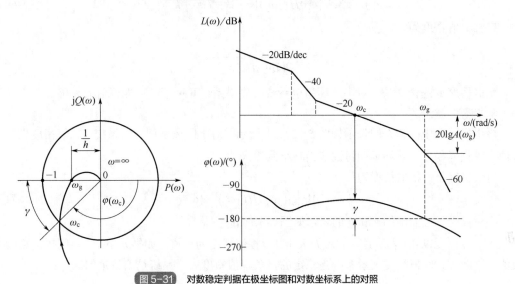

图 5-31 对数稳定判据在极坐标图和对数坐标系上的对照

$$或 \quad A(\omega_c) = \left| G(j\omega_c)H(j\omega_c) \right| = 1$$
$$L(\omega_c) = 20\lg A(\omega_c) = 0 \tag{5-65}$$

对于复平面的负实轴和开环对数相频特性，当取频率为截止频率 ω_c 时，有

$$\varphi(\omega_c) = (2k+1)\pi, \quad k = 0, \pm 1, \cdots \tag{5-66}$$

5.5.3 稳定裕度与系统的相对稳定性

稳定裕度用来表征系统的稳定程度，即相对稳定性。在频域中，稳定裕度通常用相角裕度 γ 和幅值裕度 h 来度量。

（1）相角裕度 γ

设 ω_c 为系统的**截止频率**，如图 5-31 所示，显然

$$A(\omega_c) = |G(j\omega_c)H(j\omega_c)| = 1 \qquad (5\text{-}67)$$

定义相角裕度为

$$\gamma = \varphi(\omega_c) - (-180°) = 180° + \varphi(\omega_c) \qquad (5\text{-}68)$$

相角裕度 γ 可以理解为：当 $\omega = \omega_c$ 截止频率处，对应的相位角 $\varphi(\omega_c)$ 离稳定边界（$-180°$）的"距离"。

若 $\gamma > 0$ ，代表 $\varphi(\omega_c)$ 在 $-180°$ 线的上方，系统稳定。γ 越大，表示稳定性越好，工作越可靠。

若 $\gamma = 0$ ，代表 $\varphi(\omega_c)$ 与 $-180°$ 线重合，系统临界稳定。

若 $\gamma < 0$ ，代表 $\varphi(\omega_c)$ 在 $-180°$ 线的下方，系统不稳定。

（2）幅值裕度 h

设 ω_g 为系统的**穿越频率**，则系统在 ω_g 处的相角为

$$\varphi(\omega_g) = \angle[G(j\omega_g)H(j\omega_g)] = (2k+1)\pi, \quad k = 0, \pm 1 \qquad (5\text{-}69)$$

定义幅值裕度为

$$h = \frac{1}{|G(j\omega_g)H(j\omega_g)|} \qquad (5\text{-}70)$$

幅值裕度 h 的含义是，对于闭环稳定系统，如果系统开环幅频特性再增大 h 倍，则系统将处于临界稳定状态。

极坐标平面中 γ 和 h 的表示如图 5-32（a）所示。对于闭环不稳定的系统，幅值裕度指出了为使系统临界稳定，开环幅频特性应当减小到原来的 $1/h$。

对数坐标下，幅值裕度为

$$h = -20\lg|G(j\omega_g)H(j\omega_g)| \quad \text{(dB)} \qquad (5\text{-}71)$$

半对数坐标平面中的 γ 和 h 的表示如图 5-32（b）所示。

当幅值裕度以 dB 表示时，如果 h 大于 1，幅值裕度为正值；如果 h 小于 1，则幅值裕度为负值。因此，正幅值裕度表示系统是稳定的，负幅值裕度表示系统是不稳定的。

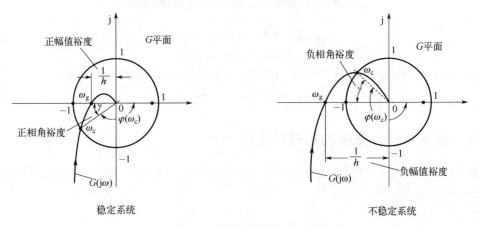

(a) 极坐标平面

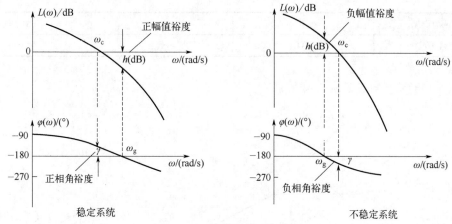

(b) 半对数坐标平面

图 5-32　稳定和不稳定系统的相角裕度和幅值裕度

例 5-6　某系统方块图如图 5-33 所示,试分析该系统的稳定性并计算相角裕度和幅值裕度。

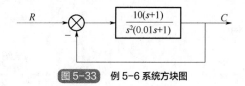

图 5-33　例 5-6 系统方块图

解:

（1）画 $L(\omega)$ 曲线

① 写出开环传递函数 $G_k(s)$ 的标准形式

$$G_k(s) = \frac{10(s+1)}{s^2(0.01s+1)} = 10 \times \left(\frac{1}{s}\right)^2 \times (s+1) \times \frac{1}{(0.01s+1)}$$

由 $G_k(s)$ 知, $K=10$, $v=2$, 系统无右极点, 即 $P=0$, 所以开环稳定。

② 计算 $20\lg K$ 的值:

$$K=10 , \quad 20\lg K = 20\lg 10 = 20$$

③ 求转折频率:

$$\omega_1 = \frac{1}{1} = 1 , \quad \omega_2 = \frac{1}{0.01} = 100$$

④ 画低频渐近线: 过点（1, 20）且斜率为 $-20v = -40\text{dB/dec}$ 的一条直线。

⑤ 按对应关系画其他频段渐近线, 如图 5-34 所示。

（2）画 $\varphi(\omega)$ 曲线

系统的相频特性可以写为

$$\varphi(\omega) = 0° + 2 \times (-90°) + \arctan \omega + [-\arctan(0.01\omega)]$$
$$= -180° + \arctan \omega - \arctan(0.01\omega)$$

① 由 $G_k(s)$ 知, $v=2$, $m=1$, $n=3$。

② $\omega \to 0$ 时, $\varphi(\omega)$ 曲线趋近于 $-90° \times 2 = -180°$; $\omega \to \infty$ 时, $\varphi(\omega)$ 曲线趋近于 $-90° \times (n-m) = -180°$。

③ 求特定值:

$\omega/(rad/s)$	1	10	100
$\varphi(\omega)/(°)$	−134.4	−101.3	−135.6

对数相频特性曲线如图 5-34 所示。

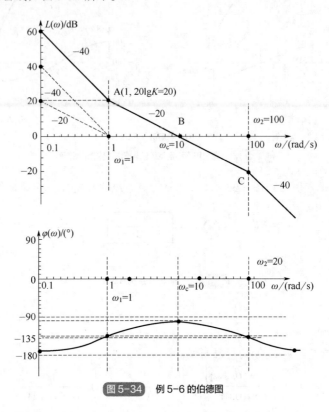

图 5-34 例 5-6 的伯德图

（3）稳定裕度的求取

由图 5-34 可知，在 $L(\omega)>0$ 的范围内，$\varphi(\omega)$ 曲线没有穿越−180° 线，且 $P=0$，所以闭环系统稳定。

AB 段斜率为−20，则由

$$-20 = \frac{L_B - L_A}{\lg \omega_c - \lg \omega_1} = \frac{0-20}{\lg \omega_c - \lg 1}$$

可求得

$$\omega_c = 10$$

$$\varphi(\omega_c) = -180° + \arctan \omega_c - \arctan(0.01\omega_c)$$
$$= -180° + \arctan 10 - \arctan 0.1$$
$$= -180° + 84.3° - 5.7°$$
$$= -101.4°$$

由此可求得相角裕度 $\gamma = 180° + \varphi(\omega_c) = 180° - 101.4° = 78.6°$，幅值裕度 $h \rightarrow \infty$。

5.5.4　关于相角裕度和幅值裕度的几点说明

控制系统的相角裕度和幅值裕度是系统的极坐标图对（−1，j0）点靠近程度的度量。因此，这两个裕度可以用来作为设计准则。

只用幅值裕度或者只用相角裕度，都不足以说明系统的相对稳定性。为了确定系统的相对稳定性，必须同时给出这两个量。

对于最小相位系统，只有当相角裕度和幅值裕度都是正值时，系统才是稳定的。负的裕度表示系统不稳定。

对于实际系统，相角裕度应当为 30°～60°，幅值裕度应当大于 6dB，才能保证系统的稳定性。

对于最小相位系统，开环传递函数的幅频特性和相频特性有一定关系。要求相角裕度在 30°和 60°之间，即在伯德图中，对数幅频特性曲线在截止频率处的斜率应大于−40dB/dec。在大多数实际情况中，为了保证系统稳定，要求截止频率处的斜率为−20dB/dec。如果截止频率上的斜率为−40dB/dec，则系统可能是稳定的，也可能是不稳定的。即使系统是稳定的，相角裕度也比较小。如果在截止频率处的斜率为−60dB/dec，或者更陡，则系统多半是不稳定的。

5.6　用频率特性分析系统的稳态性能

在时域分析法中，稳定系统的稳态性能由开环传递函数中的积分环节个数 ν 和开环放大系数 K 决定。可以通过伯德图来求得积分环节个数 ν 和开环放大系数 K，所以可以用频率特性分析系统的稳态性能。

5.6.1　系统型别的确定

在对数幅频特性曲线的低频段，斜率 λ 与积分环节的个数 ν 有关，即 $\lambda = -20\nu$，如图 5-35 所示。

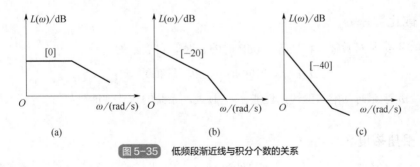

图 5-35　低频段渐近线与积分个数的关系

若系统的开环对数幅频特性低频段斜率为 0dB/dec，则 $\nu = 0$，称系统为 0 型系统，如图 5-35（a）所示；

若系统的开环对数幅频特性低频段斜率为 −20dB/dec，则 $\nu = 1$，称系统为 Ⅰ 型系统，如图 5-35（b）所示；

若系统的开环对数幅频特性低频段斜率为 −40dB/dec，则 $\nu = 2$，称系统为 Ⅱ 型系统，如

图 5-35（c）所示。

5.6.2　开环放大倍数 K 的确定

若系统的低频段对应如图 5-36 所示，可依此确定开环放大倍数 K。

图 5-36（a）为 0 型系统，0dB 线高度=20lg$K$；

图 5-36（b）为 Ⅰ 型系统，$K = \omega_c$；

图 5-36（c）为 Ⅱ 型系统，$K = \omega_c^2$。

确定系统型别和放大倍数 K 后，就可以利用求稳态误差的方法来确定系统的稳态性能了。

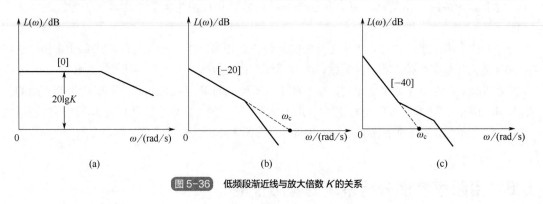

图 5-36　低频段渐近线与放大倍数 K 的关系

5.7　用频率特性分析系统的动态性能

系统时域指标的物理意义明确、直观，但不能直接应用于频域的分析和综合。由于系统开环频域指标中的相角裕度 γ 和截止频率 ω_c 可以方便地利用已知的开环对数频率特性曲线确定，并能够决定系统的性能，因此，工程上常用 γ 和 ω_c 来估算系统的时域性能指标。

5.7.1　开环频域指标

（1）截止频率 ω_c

截止频率 ω_c 是对数幅频特性等于 0dB 时的 ω 值，可表示为

$$L(\omega_c) = 20\lg A(\omega_c) = 0, \quad 即 A(\omega_c) = 1 \qquad （5-72）$$

式中，ω_c 表示时间响应的快速性能。ω_c 越大，系统的快速性能越好。

（2）相角裕度 γ

$$\gamma = 180° + \varphi(\omega_c) \qquad （5-73）$$

当 $\omega = \omega_c$，在截止频率处，相角裕度为 γ 表示对应的相位角 $\varphi(\omega_c)$ 离稳定边界（$-180°$）的"距离"。对于最小相位系统，相角裕度 γ 与稳定性的关系为：

若 $\gamma > 0$，系统稳定。γ 越大，表示相对稳定性越好。

若 $\gamma = 0$，系统临界稳定。

若 $\gamma < 0$，系统不稳定。

（3）幅值裕度 h

对数坐标下，幅值裕度 h 定义为

$$h = -20\lg\left|G(\mathrm{j}\omega_\mathrm{g})H(\mathrm{j}\omega_\mathrm{g})\right| = -20\lg A(\omega_\mathrm{g}) \quad (\mathrm{dB}) \tag{5-74}$$

对于最小相位系统，幅值裕度 h 与稳定性的关系为：

$h > 0$，系统稳定；$h = 0$，系统临界稳定；$h < 0$，系统不稳定。

（4）中频带宽 BW

开环对数幅频特性以斜率为–20dB/dec 过横轴的线段宽度 BW 称为中频带宽，表示为

$$BW = \frac{\omega_2}{\omega_1} \tag{5-75}$$

BW 的大小反映了系统的平稳程度，BW 越大，系统的平稳性越好。

图 5-37 为开环频域指标在伯德图和极坐标图上的表示，ω_c 反映系统的快速性能，$\gamma(\omega_\mathrm{c})$ 反映系统的稳定程度。在工程上，为了使系统具有较好的平稳性，通常要求 $\gamma(\omega_\mathrm{c})$ 为 $30°\sim60°$。

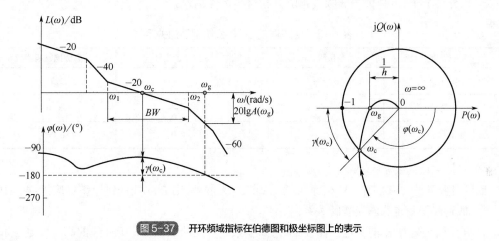

图 5-37　开环频域指标在伯德图和极坐标图上的表示

5.7.2　开环频率特性的三频段与系统性能的关系

在系统的时域分析中，用时域指标（如超调量 σ、稳态误差 e_ss、调节时间 t_s 等）来评价系统的性能。但对于系统分析与设计，采用频率特性更为直观、方便。因此，有必要讨论频率特性与时域指标间的关系。用开环频率特性分析闭环系统性能时，一般将开环频率特性分成**低频**、**中频**和**高频**三个频段来讨论。三频段的划分界限并没有严格的规定，但是三频段的概念为直接运用开环频率特性判别、估算系统的性能和设计系统指出了原则与方向。频率特性的三频段示意如图 5-38 所示。

（1）低频段

低频段通常指对数幅频曲线 $L(\omega)$ 在第一个转折频率以前的区域，即 $\omega < \omega_1$ 的频段。

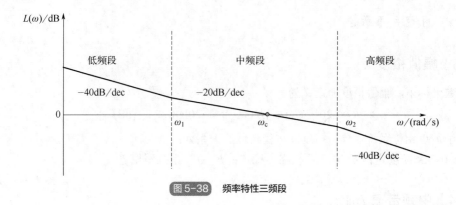

图 5-38 频率特性三频段

低频段的特性由开环传递函数中的**积分环节**和**开环放大系数**决定。ν 决定着低频渐近线的斜率，K 决定着渐近线的高度。K 越大，对动态性能越不利，而对稳态性能越有利。表 5-3 为系统的稳态误差 e_{ss} 与系统型别和不同输入信号下放大倍数间的关系。

① 低频段对性能的影响：

低频段反映系统的控制精度。

a. 开环增益 K 越大，低频段高度越高，稳态误差 e_{ss} 越小，控制精度越高。

b. 积分环节个数 ν 越大，低频段越陡，相对稳定性越差。

表 5-3　稳态误差 e_{ss} 与系统型别的关系

系统型别	单位阶跃信号	单位斜坡信号	单位抛物线信号
0 型	$e_{ss} = \dfrac{1}{1+K}$	$e_{ss} = \infty$	$e_{ss} = \infty$
I 型	$e_{ss} = 0$	$e_{ss} = \dfrac{1}{K}$	$e_{ss} = \infty$
II 型	$e_{ss} = 0$	$e_{ss} = 0$	$e_{ss} = \dfrac{1}{K}$

② 对低频段的要求：

低频段要陡些，高度要高些。若系统要达到二阶无静差，则 $L(\omega)$ 线低频段斜率应为 $-40\mathrm{dB/dec}$。

③ 低频段与系统稳态误差的关系：

a. 开环放大倍数 K 的确定。图 5-39 为 0 型系统对应的低频段，0dB 线的高度即是 $20\lg K$。只要知道高度，就可以求出放大倍数 K。图 5-40 为 γ 型系统低频段与放大倍数的关系，从图中可以看出，起始段的延长线与横轴的交点为 ω_c，$K = \omega_c^\gamma$。

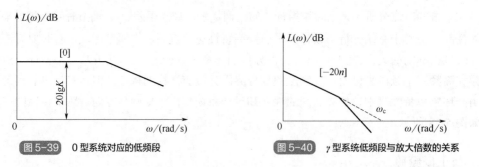

图 5-39　0 型系统对应的低频段　　　图 5-40　γ 型系统低频段与放大倍数的关系

b. K 和 e_{ss} 的关系。K 和 e_{ss} 之间的关系见表 5-3，从表中可以看出，稳态误差与放大倍数成反比。

（2）中频段

中频段是指 $L(\omega)$ 线在截止频率 ω_c 附近的区域，即 $\omega_1 \leqslant \omega \leqslant 10\omega_c$ 的频段。

中频段幅频特性在截止频率 ω_c 处的斜率对系统的相角裕度 γ 有很大的影响。系统开环中频段的频域指标 ω_c 和 γ 反映了闭环系统动态响应的稳定性和快速性。相角裕度 γ 越大，稳定性越好；ω_c 越大，t_s 就越小，系统响应也越快。

① 中频段对系统性能的影响：

中频段反映控制系统的动态性能。

a. 若中频段的斜率为–20dB/dec，且中频带宽 BW 越宽，相角裕度 γ 越大，平稳性越好；ω_c 越大，则快速性越好。

b. 中频段的斜率为–40dB/dec，中频带宽 BW 越宽，平稳性越差。

c. 中频段的斜率为–60dB/dec，系统不稳定。

② 对中频段的要求：

中频段以斜率–20dB/dec 穿越 0dB 线，且具有一定中频带宽，ω_c 大些。

③ 中频段与系统暂态性能指标的关系：

a. γ 和 σ 的关系：

$$\gamma = \arctan \frac{2\zeta}{\sqrt{-2\zeta^2 + \sqrt{4\zeta^4 + 1}}} \tag{5-76}$$

$$\sigma = e^{-\frac{\pi\zeta}{\sqrt{1-\zeta^2}}} \times 100\% \tag{5-77}$$

由式（5-76）和式（5-77）可以看出，γ 越小，σ 越大；γ 越大，σ 越小。为使二阶系统不至于振荡得太厉害以及调节时间过长，一般希望 $30° \leqslant \gamma \leqslant 60°$。

图 5-41 为 γ、σ、ζ 的关系图，从图中也可以看出，随着 ζ 的增大，γ 增大，σ 减小。

b. γ、ω_c、t_s 的关系：

$$t_s = \frac{6}{\omega_c \tan\gamma} \tag{5-78}$$

可以看出，如果两个二阶系统的 γ 相同，则它们的最大超调量也相同，ω_c 较大的系统，调节时间 t_s 较短。

（3）高频段

高频段通常是指 $L(\omega)$ 曲线在 $\omega > 10\omega_c$ 以后的区域。

在高频段，系统闭环幅频近似等于开环幅频。因此，开环对数幅频特性高频段的幅值直接反映了系统对输入端高频信号的抑制能力。

高频段斜率越小，对高频幅值的衰减越快，系统抗扰性能越好。但高频段将影响系统阶跃响应的起始

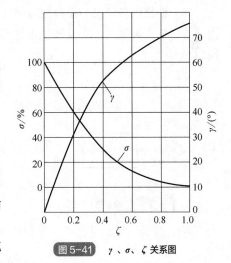

图 5-41 γ、σ、ζ 关系图

段。高频段衰减快，对高频幅值的抑制太多，使输出响应动态误差加大，同时使中频段附近的相角从–90°拉向–180°的速度加快，γ 下降，σ 增加。

① 高频段对系统性能的影响。反映系统的抗干扰能力，高频段 $L(\omega)$ 曲线斜率越小，抗干扰

能力越强，即高频衰减能力强。

② 对高频段的要求。$L(\omega)$渐近线的斜率在–60dB/dec 及以下，且 $L(\omega)<<0$。

综上所述，为了使控制系统具有较好的性能，在控制系统中，系统开环对数幅频特性应具有以下几个特点：

① 如果要求具有一阶或二阶无静差特性，则开环对数幅频特性的低频段应有–20dB/dec 或–40dB/dec 的斜率。为保证系统的稳态精度，低频段应有较高的增益 K。

② 开环对数幅频特性以–20dB/dec 斜率穿过 0dB 线，且具有一定的中频宽度 BW。这样系统就有一定的稳定裕度 γ，以保证闭环系统具有一定的平稳性。

③ 具有尽可能大的截止频率 ω_c，以提高闭环系统的快速性。

④ 为了提高系统抗高频干扰的能力，开环对数幅频特性高频段应有较大的斜率。

本章小结

（1）频域分析法是一种分析控制系统的图解方法，也是一种数学模型。将传递函数中的 s 用 $j\omega$ 代替，便可得到系统的频率特性，描述了线性定常系统在正弦信号作用下，输出稳态值和输入稳态值之比与频率的关系。

（2）常用的频率特性曲线包括开环幅相频率特性曲线（奈氏图）和对数频率特性曲线（伯德图）。

（3）对于最小相位系统，其开环对数幅频特性可以唯一地确定相频特性和传递函数。而对非最小相位系统则不然。

（4）采用奈氏稳定判据或对数频率稳定判据可对系统的稳定性进行判定。衡量控制系统相对稳定性的指标包括相角裕度 γ 和幅值裕度 h。

（5）伯德图各频段与系统性能间的关系为：低频段反映了系统的稳态性能；中频段对系统的动态性能影响很大，它反映了系统动态响应的平稳性和快速性；高频段反映了系统的抗干扰能力。

 习题

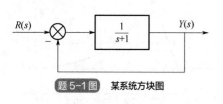

题 5-1 图 某系统方块图

5-1 某系统的方块图如题 5-1 图所示，试根据频率特性的概念，求下列输入信号作用下系统的稳态输出和稳态误差。

① $r(t)=4\sin(3t)$；

② $r(t)=\sin(t+30°)-2\cos(2t-45°)$。

5-2 绘制下面传递函数的幅相特性：

$$G(s)=\frac{1}{s(16s^2+6.4s+1)}$$

5-3 绘制下列传递函数的低频对数频率特性

① $G(s)=\dfrac{10}{2s+1}$；

② $G(s) = \dfrac{2}{(2s+1)(8s+1)}$；

③ $G(s) = \dfrac{10(s+2)}{s^2(s+0.1)}$。

5-4　设最小相位系统的开环对数幅频特性分段直线近似表示如题 5-4 图所示，试写出系统的开环传递函数。

5-5　已知某最小相位系统的 $L(\omega)$ 曲线如题 5-5 图所示。

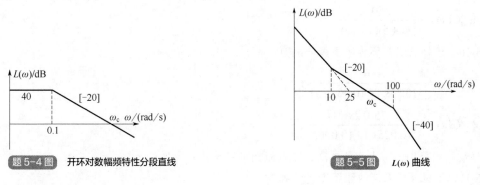

题 5-4 图　开环对数幅频特性分段直线

题 5-5 图　$L(\omega)$ 曲线

① 写出系统开环传递函数 $G(s)$；

② 求其相角裕度 γ；

③ 欲使该系统成为三阶最佳系统，求其 K、$\gamma_{\max}$。

5-6　已知控制系统开环频率特性如题 5-6 图所示。图中，P 为开环右极点个数，ν 为积分环节个数。判别系统闭环后的稳定性。

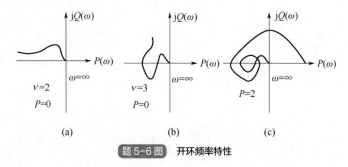

(a)　　　　　　　(b)　　　　　　　(c)

题 5-6 图　开环频率特性

5-7　最小相位系统的对数幅频特性如题 5-7 图所示，试求开环传递函数和相角裕度 γ。

5-8　最小相位系统对数幅频渐近线如题 5-8 图所示，试确定系统的传递函数。

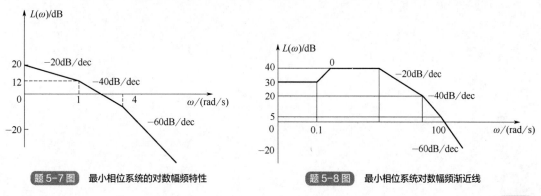

题 5-7 图　最小相位系统的对数幅频特性

题 5-8 图　最小相位系统对数幅频渐近线

5-9 画出下列开环传递函数的幅相特性，并判断其闭环系统的稳定性。

① $G(s) = \dfrac{250}{s(s+50)}$;

② $G(s) = \dfrac{250}{s^2(s+50)}$;

③ $G(s) = \dfrac{250}{s(s+5)(s+15)}$;

④ $G(s) = \dfrac{250}{s^2(s+5)(s+15)}$ 。

5-10 已知系统开环传递函数分别为

① $G(s) = \dfrac{6}{s(0.25s+1)(0.06s+1)}$;

② $G(s) = \dfrac{75(0.2s+1)}{s^2(0.025s+1)(0.006s+1)}$ 。

试绘制伯德图，求出相角裕度，并判断闭环系统的稳定性。

5-11 单位反馈系统的开环传递函数为

$$G(s) = \dfrac{7}{s(0.087s+1)}$$

试用频域和时域关系求系统的超调量 σ 和调节时间 t_s 。

第 6 章

控制系统的校正技术

 本章思维导图

扫描下载本书电子资源

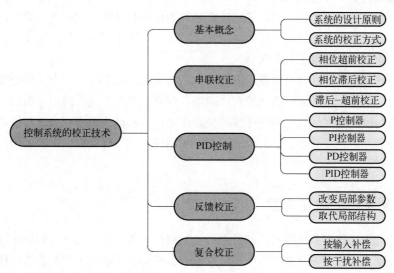

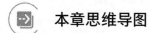 **本章学习目标**

（1）理解控制系统的设计原则和校正技术的基本概念。

（2）掌握相位超前、相位滞后和相位滞后-超前等串联校正装置的特性。

（3）掌握 PID 控制的基本原理与作用。

（4）理解反馈校正和复合校正的特点与作用。

6.1　控制系统设计与校正概述

6.1.1　控制系统的设计原则

自动控制理论主要研究两个方面的问题：一是控制系统的分析问题，二是控制系统的设计问题。控制系统分析的主要任务是，对于一个给定的控制系统，在不改变系统结构的前提下，分析该系统是否能够满足所要求的各项性能指标，以及某些参数的变化对系统性能指标的影响。控制系统设计的主要任务是，根据给定的性能指标，构造合理的系统结构。

控制系统的设计工作从分析被控对象的特性开始。当被控对象确定后，按照被控对象的工作条件及所要求的性能，选择执行元件的形式、特性和参数。根据变量性质和测量精度选择测量元件。为了放大偏差信号，可以设置前置放大器。为了驱动执行元件，可以设置功率放大器。被控对象、执行元件、测量元件和各种放大器组成了基本的闭环反馈控制系统。在一般情况下，这样设计的控制系统，除了放大器的增益可调之外，被控对象、执行元件和测量元件的结构和参数均不能改变，称为不可变部分或固有部分。设计控制系统的目的，就是将构成控制系统的各个元件与被控对象适当组合起来，使之满足所要求的动态性能和静态性能的指标。如果通过调整放大器的增益，不能全面满足设计要求的性能指标，就需要在系统中增加一些参数和特性可以按需要改变的装置，以满足性能指标的要求。这些增加的装置被称为校正装置，这种技术就是控制系统设计中的校正技术。

设计控制系统的校正装置，需要确定校正装置的结构和参数，使校正后的系统达到设计要求。对于同样的性能指标，可以采用不同的设计方法，设计出不同的校正装置。此外，系统设计往往不能一次成功，通常需要几次修正。

控制系统的性能指标通常是由使用方提出的，对系统性能指标的要求是系统设计的依据，也是系统设计的目标。不同的控制系统对性能指标的要求应有不同的侧重。例如，调速系统对平稳性和稳态精度的要求较高，对快速性的要求次之；而随动系统则侧重于对快速性的要求，对系统平稳性和稳态精度要求次之。因此，对控制系统性能指标的提出，应以满足实际需要为依据。

6.1.2　控制系统的校正方式

在一般情况下，控制系统的基本部件主要包括被控对象、执行元件、测量元件和放大元件等。如果这些基本部件按照反馈控制原理组成控制系统后，不能满足性能要求，往往需要在控制系统原有结构上加入新的附加环节，作为同时改善控制系统稳态性能和动态性能的手段，这就是系统的校正问题。系统的校正原则是，在不改变系统基本部件的前提下，选择合适的校正装置，并确定校正装置的参数，从而满足各项性能要求。

根据校正装置在系统中所处的位置不同，以及根据校正装置与系统中其他不可变的固定部分的不同连接方式，闭环系统的校正方式通常可以分为串联校正、反馈校正和复合校正等几种基本的校正方式。串联校正和反馈校正是在控制系统的主反馈回路之内采用的校正方式，其连接示意图如图 6-1 所示。复合校正包括顺馈校正和干扰补偿等方式。顺馈校正和干扰补偿是在控制系统的主反馈回路之外采用的校正方式，是反馈控制的附加校正，与反馈控制一起组成了复合控制系统。顺馈校正和干扰补偿是减小系统误差的两种途径。

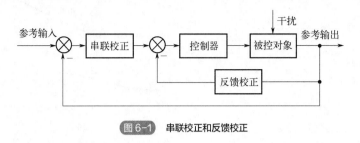

图 6-1 串联校正和反馈校正

6.2 闭环系统的串联校正

串联校正是指校正装置 $G_c(s)$ 连接在系统主反馈回路内的前向通道中，与系统的不可变部分 $G_0(s)$ 组成串联连接方式，如图 6-2 所示。串联校正的特点是结构简单，易于实现，但是对系统参数变化比较敏感。在串联校正中，根据串联校正装置 $G_c(s)$ 对系统开环频率特性的相位特性的影响，串联校正装置 $G_c(s)$ 可以按照相位特性分为相位超前校正、相位滞后校正和相位滞后-超前校正等几种。本节介绍采用 RC 无源电路所实现的这几种串联校正装置的电路结构、数学模型和在系统中的校正作用。

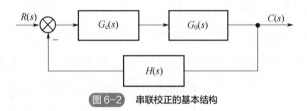

图 6-2 串联校正的基本结构

6.2.1 相位超前校正

校正装置的输出信号在相位上超前于输入信号，即校正装置具有正的相位特性，这种校正装置称为相位超前校正装置，对系统的校正称为相位超前校正。

由 RC 无源元件构成的具有相位超前校正功能装置的电路如图 6-3 所示，其传递函数为

$$G_c(s) = \frac{X_o(s)}{X_i(s)} = \frac{R_2}{R_1 + R_2} \times \frac{R_1 Cs + 1}{\dfrac{R_2}{R_1 + R_2} R_1 Cs + 1}$$

令时间常数 $T = R_1 C$，分度系数 $\alpha = \dfrac{R_2}{R_1 + R_2}$，显然有分度系数 $\alpha < 1$，可得

$$G_c(s) = \alpha \frac{Ts + 1}{\alpha Ts + 1} \tag{6-1}$$

该 RC 相位超前校正装置的对数频率特性如图 6-4 所示，其频率特性、幅频特性、相频特性和对数幅频特性分别为

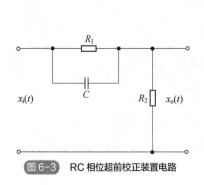

图 6-3　RC 相位超前校正装置电路

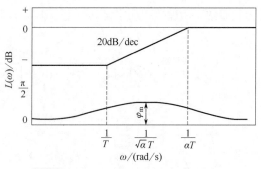

图 6-4　RC 相位超前校正装置的对数频率特性

$$G_c(j\omega) = \alpha\frac{jT\omega+1}{j\alpha T\omega+1}, \qquad A(\omega) = \frac{\alpha\sqrt{(T\omega)^2+1}}{\sqrt{(\alpha T\omega)^2+1}}$$

$$\varphi(\omega) = \arctan(T\omega) - \arctan(\alpha T\omega)$$

$$L(\omega) = 20\lg\alpha + 20\lg\sqrt{(T\omega)^2+1} - 20\lg\sqrt{(\alpha T\omega)^2+1}$$

如图 6-4 所示，该 RC 相位超前校正装置的对数幅频特性具有以 20dB/dec 为斜率的正斜率段，对数相频特性具有正相移。在正弦输入信号作用下，正相移表示该装置的稳态输出电压在相位上要超前于输入电压，所以该装置被称为相位超前校正装置。对于频率在转折频率 $\frac{1}{T}$ 和转折频率 $\frac{1}{\alpha T}$ 之间的正弦输入信号，该 RC 相位超前校正装置具有明显的微分作用。在该频率范围内，输出信号的相位超前于输入信号的相位，超前校正装置的名称由此而得。

可以证明，该装置的最大相位超前角的数值为 $\varphi_m = \arcsin\frac{1-\alpha}{1+\alpha}$，发生最大相位超前角的频率值 ω_m 是转折频率 $\frac{1}{T}$ 和转折频率 $\frac{1}{\alpha T}$ 的几何中心，即 $\omega_m = \frac{1}{\sqrt{\alpha}T}$。如果已知最大相位超前角的数值 φ_m，则可得分度系数 $\alpha = \frac{1-\sin\varphi_m}{1+\sin\varphi_m}$。

在最大相位超前角 φ_m 处，对数幅频特性的分贝值为

$$L(\omega_m) = 20\lg A(\omega_m) = 20\lg\frac{\alpha\sqrt{(T\omega_m)^2+1}}{\sqrt{(\alpha T\omega_m)^2+1}} = 10\lg\alpha$$

在设计这种 RC 相位超前校正装置时，需要首先确定分度系数 α 和时间常数 T 的数值。从上述公式可知，分度系数 α 越大，最大相位超前角 φ_m 就越大。但是，为了保证较高的信噪比，分度系数 α 的取值不能太大，一般不超过 20，因此，这种 RC 相位超前校正装置的最大相位超前角一般不大于 65°。如果需要大于 65° 的相位超前角，则需要用两个装置的串联来实现，并在所串联的两个装置之间加上隔离放大器，以消除它们之间的负载效应。

根据截止频率 ω_c 的要求，计算相位超前校正装置的分度系数 α 和时间常数 T，一般选择发生最大相位超前角的频率值 ω_m 等于系统的截止频率，即 $\omega_m = \omega_c$，以保证系统的响应速度，并充分利用校正装置的相位超前特性。

因为 $L(\omega_m) = 10\lg\alpha$ ，所以当 $\omega_m = \omega_c$ 时，可以求出分度系数 α 。

因为 $\omega_m = \dfrac{1}{\sqrt{\alpha}T}$ ，可以求出时间常数 $T = \dfrac{1}{\omega_m\sqrt{\alpha}}$ 。

在一般情况下，当控制系统的开环增益增大到满足其静态性能所要求的数值时，系统有可能不稳定，或者即使能够稳定，但是其动态性能一般也不会理想。在这种情况下，需要在系统的前向通路中增加超前校正装置，以实现在开环增益不变的前提下，系统的动态性能也能满足设计的要求。

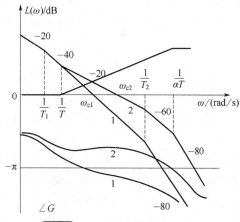

图6-5 RC相位超前校正装置的作用

以RC相位超前校正装置为例的系统校正作用如图6-5所示，其中，对数频率特性1为校正前的系统，对数频率特性2为校正后的系统。从图6-5中可以看出，相位超前校正装置可以增加系统的相位稳定裕度，即增强系统的稳定性；可以增加系统的带宽，即提高系统的快速性，但是不能改善系统的稳态精度。

例6-1 已知单位反馈系统的开环传递函数为 $G(s) = \dfrac{4K}{s(s+2)}$ ，设计一个相位超前校正装置，使校正后系统的静态速度误差系数 $K_v = 20\text{s}^{-1}$ ，相角裕度 $\gamma \geqslant 50°$ 。

解： ① 根据对静态速度误差系数的要求，确定系统的开环增益 K 。

已知系统的静态速度误差系数 $K_v = 20\text{s}^{-1}$ ，可得

$$K_v = \lim_{s\to0} sG(s) = \lim_{s\to0} s\frac{4K}{s(s+2)} = 2K = 20$$

可以解得系统的开环增益 $K = 10$ 。

当 $K = 10$ 时，系统的开环传递函数、频率特性、幅频特性和相频特性分别为

$$G(s) = \frac{20}{s(0.5s+1)} , \quad G(\text{j}\omega) = \frac{20}{\text{j}\omega(0.5\text{j}\omega+1)}$$

$$A(\omega) = \frac{20}{\omega\sqrt{(0.5\omega)^2+1}} , \quad \varphi(\omega) = -90° - \arctan(0.5\omega)$$

② 计算系统的截止频率和相角裕度。令 $A(\omega_c) = \dfrac{20}{\omega_c\sqrt{(0.5\omega_c)^2+1}} = 1$ ，可解得系统的截止频率 $\omega_c = 6.17\text{rad/s} \approx 6\text{rad/s}$ ，相角裕度 $\gamma_1 = 180° + \varphi(\omega_c) = 180° - 90° - \arctan(0.5\omega_c) = 17.96° \approx 18°$ 。

③ 根据相角裕度的要求 $\gamma \geqslant 50°$ ，再将相位补偿6°，可以确定超前校正装置的最大相位超前角 $\varphi_m = \gamma - \gamma_1 + 6° = 50° - 18° + 6° = 38°$ 。

④ 计算相位超前校正装置的分度系数 $\alpha = \dfrac{1-\sin\varphi_m}{1+\sin\varphi_m} = \dfrac{1-\sin38°}{1+\sin38°} = 0.2388$ 。

⑤ 计算相位超前校正装置在最大相位超前角 φ_m 处的对数幅频特性分贝值

$$L(\omega_{\mathrm{m}}) = 10\lg\alpha = 10\lg 0.2388 = -6.2\mathrm{dB}$$

⑥ 计算相位超前校正装置在最大相位超前角 φ_{m} 处的频率值 ω_{m}。选择在最大相位超前角 φ_{m} 处的频率值 ω_{m} 作为未校正原系统的截止频率 ω_{c}，即 $\omega_{\mathrm{m}} = \omega_{\mathrm{c}}$，因此，未校正原系统的开环对数幅频特性在截止频率 ω_{c} 处的数值满足条件 $L(\omega_{\mathrm{c}}) = -6.2\mathrm{dB}$。已知未校正原系统的开环对数幅频特性为

$$L(\omega) = 20\lg A(\omega) = 20\lg\frac{20}{\omega\sqrt{(0.5\omega)^2 + 1}}$$

因为 $L(\omega_{\mathrm{c}}) = -6.2\mathrm{dB}$，所以 $L(\omega_{\mathrm{c}}) = 20\lg A(\omega_{\mathrm{c}}) = 20\lg\dfrac{20}{\omega_{\mathrm{c}}\sqrt{(0.5\omega_{\mathrm{c}})^2 + 1}} = -6.2\mathrm{dB}$，即 $20\lg 20 - 20\lg\omega_{\mathrm{c}} - 20\lg\sqrt{(0.5\omega_{\mathrm{c}})^2 + 1} = -6.2\mathrm{dB}$。可解得截止频率为 $\omega_{\mathrm{c}} = 8.93\mathrm{rad/s} \approx 9\mathrm{rad/s}$，则最大相位超前角 φ_{m} 处的频率值为 $\omega_{\mathrm{m}} = \omega_{\mathrm{c}} = 8.93\mathrm{rad/s} \approx 9\mathrm{rad/s}$。

⑦ 计算超前校正装置的开环传递函数。

因为发生最大相位超前角的频率值 φ_{m} 是转折频率 $\dfrac{1}{T}$ 和转折频率 $\dfrac{1}{\alpha T}$ 的几何中心 $\omega_{\mathrm{m}} = \dfrac{1}{\sqrt{\alpha}T}$，所以 $T = \dfrac{1}{\omega_{\mathrm{m}}\sqrt{\alpha}} = \dfrac{1}{9\times\sqrt{0.2388}} = 0.227$，超前校正装置的传递函数为

$$G_{\mathrm{c}}(s) = \alpha\frac{Ts+1}{\alpha Ts+1} = 0.2388\times\frac{0.227s+1}{0.2388\times 0.227s+1} = \frac{0.2388(0.227s+1)}{0.0542s+1}$$

转折频率 $\omega_1 = \dfrac{1}{T} = \dfrac{1}{0.227} = 4.4$，转折频率 $\omega_2 = \dfrac{1}{\alpha T} = \dfrac{1}{0.2388\times 0.227} = 18.448$。

⑧ 计算校正后系统的开环传递函数。

为了补偿因超前校正装置的引入而造成原系统开环增益的衰减，必须使附加放大器的放大倍数 $K_0 = \dfrac{1}{\alpha} = \dfrac{1}{0.2388} = 4.2$。校正后系统的开环传递函数为

$$G_1(s) = K_0 G_{\mathrm{c}}(s)G(s) = 4.2\times\frac{0.2388(0.227s+1)}{0.0542s+1}\times\frac{20}{s(0.5s+1)} = \frac{20(0.227s+1)}{s(0.0542s+1)(0.5s+1)}$$

校正后系统的闭环传递函数方块图如图 6-6 所示。

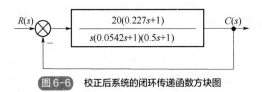

图 6-6 校正后系统的闭环传递函数方块图

⑨ 验算校正后系统的性能指标。校正后系统的相角裕度为

$$\begin{aligned}\gamma_2 &= 180° + \varphi(\omega_{\mathrm{c}})\\ &= 180° - 90° - \arctan(0.0542\omega_{\mathrm{c}}) - \arctan(0.5\omega_{\mathrm{c}}) + \arctan(0.227\omega_{\mathrm{c}})\\ &= 50.445° > 50°\end{aligned}$$

6.2.2 相位滞后校正

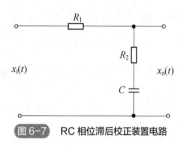

图 6-7 RC 相位滞后校正装置电路

校正装置的输出信号在相位上滞后于输入信号，即校正装置具有负的相位特性，这种校正装置称为相位滞后校正装置，对系统的校正称为相位滞后校正。

由 RC 无源元件构成的具有相位滞后校正功能装置的电路如图 6-7 所示，其传递函数为

$$G_c(s) = \frac{X_o(s)}{X_i(s)} = \frac{R_2 C s + 1}{\dfrac{R_1 + R_2}{R_2} R_2 C s + 1}$$

令时间常数 $T = R_2 C$，分度系数 $\beta = \dfrac{R_1 + R_2}{R_2}$，显然有分度系数 $\beta > 1$，可得

$$G_c(s) = \frac{Ts + 1}{\beta Ts + 1} \tag{6-2}$$

该 RC 相位滞后校正装置的对数频率特性如图 6-8 所示，其频率特性、幅频特性、相频特性和对数幅频特性分别为

$$G_c(j\omega) = \frac{jT\omega + 1}{j\beta T\omega + 1}, \qquad A(\omega) = \frac{\sqrt{(T\omega)^2 + 1}}{\sqrt{(\beta T\omega)^2 + 1}}$$

$$\varphi(\omega) = \arctan(T\omega) - \arctan(\beta T\omega)$$

$$L(\omega) = 20\lg\sqrt{(T\omega)^2 + 1} - 20\lg\sqrt{(\beta T\omega)^2 + 1}$$

如图 6-8 所示，该 RC 相位滞后校正装置的对数幅频特性具有以 -20dB/dec 为斜率的负斜率段，对数相频特性具有负相移。在正弦输入信号作用下，负相移表示该装置的稳态输出电压在相位上要滞后于输入电压，所以该装置被称为相位滞后校正装置。对于频率在转折频率 $\dfrac{1}{\beta T}$ 和转折频率 $\dfrac{1}{T}$ 之间的正弦输入信号，该 RC 相位滞后校正装置具有明显的积分作用。在该频率范围内，输出信号的相位滞后于输入信号的相位，滞后校正装置的名称由此而得。

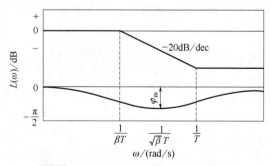

图 6-8 RC 相位滞后校正装置的对数频率特性

由图 6-8 可知，当 $\omega < \dfrac{1}{\beta T}$ 时，RC 相位滞后校正装置对信号没有衰减作用；当 $\dfrac{1}{\beta T} < \omega < \dfrac{1}{T}$

时，对信号有积分作用，呈滞后特性；当 $\omega > \dfrac{1}{T}$ 时，对信号的衰减作用为 $20\lg\beta$，分度系数 β 越小，这种衰减作用越强。

RC 相位滞后校正装置的最大滞后相位角 φ_{m} 发生在转折频率 $\dfrac{1}{\beta T}$ 与转折频率 $\dfrac{1}{T}$ 的几何中心 $\dfrac{1}{\sqrt{\beta T}}$ 处，称为最大滞后相位角频率 $\omega_{\mathrm{m}} = \dfrac{1}{\sqrt{\beta T}}$，最大滞后相位角 $\varphi_{\mathrm{m}} = -\arcsin\dfrac{\beta-1}{\beta+1}$。采用 RC 相位滞后校正装置进行串联校正，主要利用其高频幅值衰减的特性，以降低系统的开环截止频率，提高系统的相角裕度。

以 RC 相位滞后校正装置为例的系统校正作用如图 6-9 所示，其中，对数频率特性 1 为校正前的系统，对数频率特性 2 为校正后的系统。从图 6-9 中可以看出，相位滞后校正装置可以减小带宽，以牺牲快速性来换取稳定性；允许适当提高开环增益，以改善稳态精度。

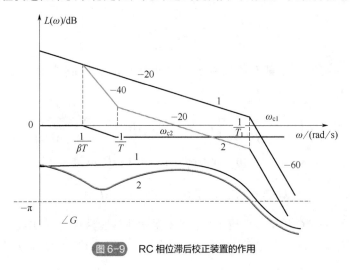

图 6-9　RC 相位滞后校正装置的作用

6.2.3　相位滞后-超前校正

如果校正装置在低频范围内具有负的相位特性，在高频范围内具有正的相位特性，这种校正装置称为相位滞后-超前校正装置，对系统的校正称为相位滞后-超前校正。

由 RC 无源元件构成的具有相位滞后-超前校正功能装置的电路如图 6-10 所示，其传递函数为

$$G_{\mathrm{c}}(s) = \frac{X_{\mathrm{o}}(s)}{X_{\mathrm{i}}(s)} = \frac{(R_1C_1s+1)(R_2C_2s+1)}{(R_1C_1s+1)(R_2C_2s+1)+R_1C_2s}$$

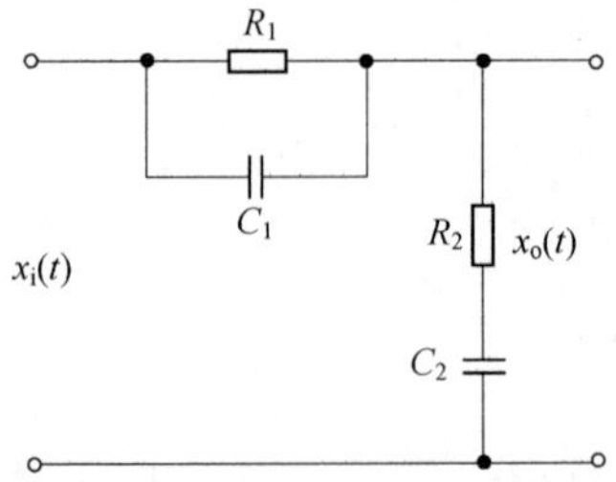

令 $\tau_1 = R_1C_1$，$\tau_2 = R_2C_2$，可得

$$G_{\mathrm{c}}(s) = \frac{(\tau_1 s+1)(\tau_2 s+1)}{(\tau_1 s+1)(\tau_2 s+1)+R_1C_2s}$$

传递函数 $G_{\mathrm{c}}(s)$ 的分母多项式 $(\tau_1 s+1)(\tau_2 s+1)+R_1C_2s$ 是一个二次多项式，可以将其分解为两个一次多项式的乘积。设这两个一次多项式的时间常数分别为 T_1 和 T_2，即

$$(\tau_1 s+1)(\tau_2 s+1)+R_1C_2s = (T_1 s+1)(T_2 s+1)$$

图 6-10　RC 相位滞后-超前校正装置电路

那么显然有 $\tau_1\tau_2 = T_1T_2$，而且可以设 $T_1 > \tau_1 > \tau_2 > T_2$，得

$$G_c(s) = \frac{(\tau_1 s + 1)(\tau_2 s + 1)}{(T_1 s + 1)(T_2 s + 1)} \quad (6\text{-}3)$$

与前述的校正装置进行对比，传递函数 $G_c(s)$ 的 $\dfrac{\tau_1 s + 1}{T_1 s + 1}$ 部分就是相位滞后校正装置的传递函数，传递函数 $G_c(s)$ 的 $\dfrac{\tau_2 s + 1}{T_2 s + 1}$ 部分就是相位超前校正装置的传递函数。因此，该 RC 无源电路就可以被称为相位滞后-超前校正装置。

该 RC 相位滞后-超前校正装置的对数频率特性如图 6-11 所示。从图中可以看出，低频部分具有负斜率和负相位，起到相位滞后校正的作用。高频部分具有正斜率和正相位，起到相位超前校正的作用。

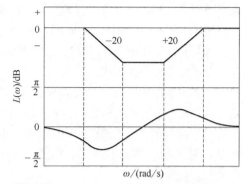

图 6-11　RC 相位滞后-超前校正装置的对数频率特性

6.2.4　串联校正方式的特性比较

串联校正方式的特性比较和总结如下：

① 超前校正主要以其相位超前特性产生提高系统动态特性的校正作用。滞后校正则通过其高频衰减特性获得校正效果，主要为提高系统的稳态精度。

② 超前校正通常用来增大稳定裕度。超前校正比滞后校正有可能提供更高的幅值穿越频率。较高的幅值穿越频率对应着较大的带宽，大的带宽意味着调节时间的减小。超前校正系统的带宽总是大于滞后校正系统的带宽。因此，如果系统需要具有快速响应的特性，应采用超前校正。如果系统存在噪声信号，则带宽不能过大，因为随着高频增益的增大，系统对噪声信号更加敏感。

③ 超前校正需要有一个附加的增益增量，以补偿超前校正本身的衰减。这表明超前校正比滞后校正需要更大的增益。一般说来，增益越大，系统的体积和质量越大，成本也越高。

④ 滞后校正降低了系统在高频段的增益，但并不降低系统在低频段的增益。系统因带宽的减小而具有较低的响应速度。因为降低了高频增益，系统的总增益可以增大，所以低频增益可以增加，从而提高了稳态精度。此外，系统中包含的任何高频噪声，都可以得到衰减。

⑤ 如果既需要有快速响应特征，又要获得良好的稳态精度，则可以采用滞后-超前校正。采用滞后-超前校正装置，可使低频增益增大，改善了系统稳态性能，也增大了系统的带宽和稳定裕度。

⑥ 虽然应用超前校正、滞后校正和滞后-超前校正装置可以完成大多数系统的校正任务，但是对于复杂的系统,采用由这些校正装置组成的简单校正装置,可能仍然得不到满意的结果。在这种情况下，必须采用其他形式的校正装置。

6.3　闭环系统的 PID 控制

在进行系统校正时，必须首先了解校正装置本身的特性，才能根据实际情况，正确选择校

正装置的结构，确定校正装置的参数，以实现对被控对象的有效控制。根据对系统开环频率特性的相位特性的影响来设计串联校正装置的方法，是系统校正的一种基本设计方法。在现代工程实践中，往往都有计算机参与控制。在有计算机参与控制的情况下，最常用的串联校正方法是 PID 校正。PID 校正装置的输出信号是偏差信号的比例、积分和微分运算的组合。

PID 控制是比例（Proportional）、积分（Integral）和微分（Derivative）控制的英文第一个字母的缩写合成。具有 PID 控制规律的控制器称为 PID 控制器。PID 控制器多用于串联校正。PID 控制是控制工程中技术成熟且应用广泛的一种控制策略。经过长期的工程实践，PID 控制已形成了一套完整的控制方法和典型的结构。PID 控制不仅适用于已知的控制系统，而且对于很多数学模型难以确定的工业过程也可以应用。PID 控制的参数整定方便，结构改变灵活，在众多工业过程控制中取得了满意的应用效果。随着计算机技术的迅速发展，将 PID 控制数字化，在离散系统中实施数字 PID 控制已成为一种新的发展趋势。因此，PID 控制是一种很重要和很实用的控制规律。

所谓 PID 控制，就是对闭环控制系统的偏差信号进行比例、积分和微分运算变换后形成的一种控制规律。根据实际工况的不同，并不一定总是需要 PID 全部的三项控制作用。PID 控制可以方便灵活地改变控制策略，实施比例（P）、比例积分（PI）、比例微分（PD）或比例积分微分（PID）控制规律。

6.3.1　P 控制器

（1）P 控制器的定义

具有比例控制规律的控制器称为比例控制器（简称 P 控制器）。P 控制器的输出变量 $u(t)$ 与输入变量 $e(t)$ 之间的关系被定义为

$$u(t) = K_{\text{p}} e(t) \tag{6-4}$$

式中，K_{p} 为 P 控制器的增益或放大倍数，是一个无量纲的比例系数。

由式（6-4）可见，P 控制器实际上就是一种放大倍数可调的放大器。提高 P 控制器的增益 K_{p}，即可提高系统的放大倍数。

P 控制器的传递函数为

$$G_{\text{c}}(s) = \frac{U(s)}{E(s)} = K_{\text{p}} \tag{6-5}$$

P 控制器的频率特性、对数幅频特性和对数相频特性分别为

$$G_{\text{c}}(j\omega) = K_{\text{p}} , \quad L_{\text{c}}(\omega) = 20\lg K_{\text{p}} , \quad \varphi_{\text{c}}(\omega) = 0$$

P 控制器的传递函数方块图如图 6-12 所示。

由 P 控制器与传递函数为 $G_0(s)$ 的被控对象所组成的闭环比例控制系统的传递函数方块图如图 6-13 所示。

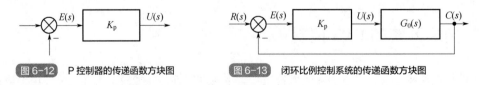

图 6-12　P 控制器的传递函数方块图　　　图 6-13　闭环比例控制系统的传递函数方块图

（2）P 控制器的作用

在一般情况下，P 控制器可以提高系统的开环增益，减小系统的稳态误差，但是会降低系统的相对稳定性。

图 6-14 显示了某系统引入 P 控制器后，P 控制器对系统性能的影响。由图 6-14 可见，当取 $K_p > 1$ 时，采用 P 控制能够改善系统的稳态性能（开环增益加大，稳态误差减小）和快速性（幅值穿越频率 ω_c 增大，过渡过程时间 t_s 缩短），但系统的稳定程度变差。因此，只有当原系统的稳定裕度充分大时，才可以采用 P 控制。如果取 $K_p < 1$，即增益减小，则对系统性能的影响刚好相反。

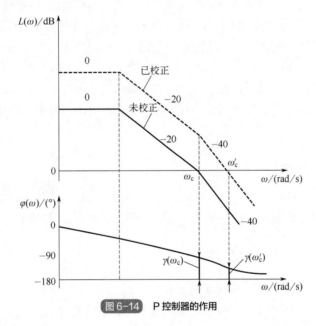

图 6-14　P 控制器的作用

6.3.2　PI 控制器

（1）I 控制器的定义

具有积分控制规律的控制器称为积分控制器（简称 I 控制器）。I 控制器的输出变量 $u(t)$ 和输入变量 $e(t)$ 之间的关系被定义为

$$u(t) = K_i \int_0^t e(t)\mathrm{d}t \tag{6-6}$$

式中，K_i 为 I 控制器的比例系数。

由式（6-6）可见，I 控制器实际上就是一种积分器。

I 控制器的传递函数为

$$G_c(s) = \frac{U(s)}{E(s)} = \frac{K_i}{s} \tag{6-7}$$

I 控制器的频率特性、对数幅频特性和对数相频特性分别为

$$G_c(\mathrm{j}\omega) = \frac{K_i}{\mathrm{j}\omega}, \quad L_c(\omega) = 20\lg K_i - 20\lg \omega, \quad \varphi_c(\omega) = -90°$$

I 控制器的传递函数方块图如图 6-15 所示。

由 I 控制器与传递函数为 $G_0(s)$ 的被控对象所组成的闭环积分控制系统的传递函数方块图如图 6-16 所示。

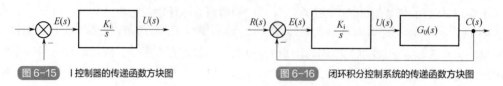

在串联校正时，采用 I 控制器可以提高系统的型别，即可以提高系统的无差度，从而提高系统稳态精度，改善系统的稳态性能。但是，I 控制器常常会降低系统的稳定性，因为 I 控制器使系统加了一个位于原点的开环极点，即系统产生了一个 90°的滞后相位，相角裕度也减小 90°，降低了系统的稳定性，不利于系统的稳定。因此一般不采用单一的 I 控制器。

因为 I 控制器的输出信号与其输入信号的积分成比例，所以 I 控制器的输出信号具有积分保持特性。因为 I 控制器的积分作用，当其输入信号消失后，输出信号仍然有可能是一个不为零的常量。

（2）PI 控制器的定义

在系统设计时，一般不单独使用 I 控制器，而是采用比例积分控制器（简称 PI 控制器）。PI 控制器的输出变量 $u(t)$ 与输入变量 $e(t)$ 之间的关系被定义为

$$u(t) = K_p e(t) + K_i \int_0^t e(t)\mathrm{d}t = K_p e(t) + \frac{K_p}{T_i}\int_0^t e(t)\mathrm{d}t \tag{6-8}$$

式中，T_i 为 PI 控制器的积分时间常数，s。

由式（6-8）可见，PI 控制器由比例控制项和积分控制项叠加组成。

PI 控制器的传递函数为

$$G_c(s) = \frac{U(s)}{E(s)} = K_p + \frac{K_p}{T_i s} = K_p \left(1 + \frac{1}{T_i s}\right) = K_p \frac{T_i s + 1}{T_i s} \tag{6-9}$$

由式（6-9）可知，PI 控制器实际上就是比例环节、积分环节和一阶微分环节的串联。

PI 控制器的频率特性为

$$G_c(\mathrm{j}\omega) = K_p \frac{T_i \mathrm{j}\omega + 1}{T_i \mathrm{j}\omega} \tag{6-10}$$

PI 控制器的传递函数方块图如图 6-17 所示。

由 PI 控制器与传递函数为 $G_0(s)$ 的被控对象所组成的闭环比例积分控制系统的传递函数方块图如图 6-18 所示。

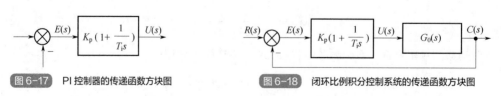

（3）PI 控制器的作用

采用 PI 控制器对闭环系统进行串联校正，PI 控制器相当于在系统中增加了一个位于原点的开环极点和一个位于 s 平面的左半平面的开环零点。位于原点的开环极点可以提高系统的型别，以完全消除或减小系统的稳态误差。位于 s 平面的左半平面的开环零点是一个负的实数零点，增加的这个负实数零点可以使系统产生超前的相位，也可用来与系统原来固有部分的大惯性环节相抵消。开环零点可以提高系统的阻尼程度，缓和极点对系统产生的不利影响。在工程实践中，PI 控制器经常用来改善控制系统的稳态性能，但是可能使系统的稳定性变差。如果积分时间常数 T_i 足够大，PI 控制器所增加的位于原点的开环极点对于系统稳定性的不利影响可以大为减弱。

PI 控制器主要用来改善控制系统的稳态性能。为了实现控制系统的无静差调节，就必须使系统的前向通道中包含积分环节。对于扰动量而言，则需在扰动作用点之前包含积分环节。如果在系统的固有部分不包含积分环节，而又希望实现无静差调节，就可通过在系统中串联 PI 控制器来进行校正和实现。

根据使用方法的不同，PI 控制器的控制作用可以表现出不同的效果。如图 6-19 所示，其中 $K_p > 1$，引入 PI 控制器后，使系统从 0 型提高到 I 型，因而系统的稳态误差得以消除或减少，改善了系统的稳态性能。但系统的相角裕度有所减小，稳定性变差。

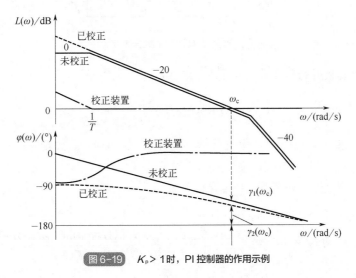

图 6-19　$K_p > 1$ 时，PI 控制器的作用示例

如图 6-20 所示，其中 $K_p < 1$，系统从 I 型提高到了 II 型，使系统的稳态性能得以改善，同时系统从不稳定变为稳定。但系统的幅值穿越频率 ω_c 减小，使快速性变差，即系统的动态性能有所下降。

例 6-2　已知具有 PI 控制器的闭环系统如图 6-21 所示，且已知 PI 控制器的传递函数为 $G_{PI}(s) = K_p \left(1 + \dfrac{1}{T_i s} \right)$，被控对象的传递函数为 $G_0(s) = \dfrac{K_0}{s(T_0 s + 1)}$。分析 PI 控制器对系统性能的影响。

解： 没有接入 PI 控制器之前的开环系统是 I 型系统，即

$$G_0(s) == \frac{K_0}{s(T_0 s + 1)}$$

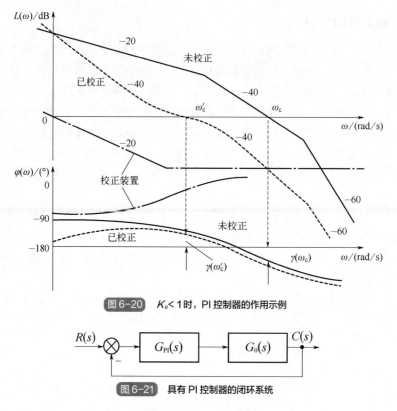

图 6-20 $K_p < 1$ 时，PI 控制器的作用示例

图 6-21 具有 PI 控制器的闭环系统

接入 PI 控制器之后的开环系统是 Ⅱ 型系统，即

$$G_1(s) = G_c(s)G_0(s) = \frac{K_p K_0 (T_i s + 1)}{T_i s^2 (T_0 s + 1)}$$

接入 PI 控制器之后，开环系统由 Ⅰ 型提高到 Ⅱ 型，使得闭环系统在斜坡输入信号作用下的稳态误差为零，增加了控制系统的准确性。

接入 PI 控制器之后，闭环系统的传递函数为

$$\Phi(s) = \frac{\dfrac{K_p K_0 (T_i s + 1)}{T_i s^2 (T_0 s + 1)}}{1 + \dfrac{K_p K_0 (T_i s + 1)}{T_i s^2 (T_0 s + 1)}} = \frac{K_p K_0 (T_i s + 1)}{T_i T_0 s^3 + T_i s^2 + K_p K_0 T_i s + K_p K_0}$$

根据劳斯稳定性判据，此闭环系统稳定的充分必要条件是

$$T_i \times K_p K_0 T_i > T_i T_0 \times K_p K_0$$

进而可得 $T_i > T_0$，即只要调整 PI 控制器的积分时间常数 T_i 的数值大于原系统的时间常数 T_0 的数值，就可以使闭环系统稳定。可以进一步调整 PI 控制器的比例系数 K_p 的数值，使闭环系统满足快速性的要求。

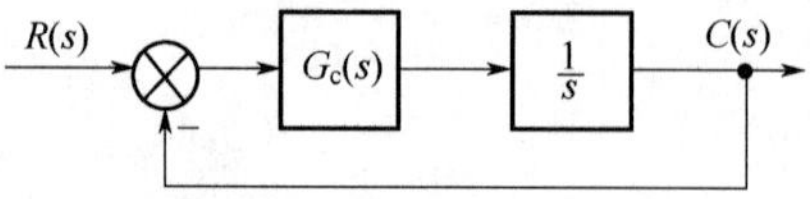

图 6-22 例 6-3 的单位反馈系统

例 6-3　已知单位反馈系统如图 6-22 所示。设计一个串联校正装置 $G_c(s)$，使校正后的系统同时满足下列性能指标要求：

① 系统跟踪加速度输入信号的稳态误差为 0.1；

② 系统的相角裕度为 $\gamma = 45°$。

解： 根据已知条件，原系统是 I 型系统，而 II 型以上的系统才能跟踪加速度输入信号。如果选择 PI 控制器作为校正装置，其传递函数为 $G_c(s) = K_p\left(1 + \dfrac{1}{T_i s}\right)$，则校正后的系统开环传递函数为

$$G_c(s)G(s) = K_p\left(1 + \frac{1}{T_i s}\right)\frac{1}{s} = \frac{K_p}{T_i} \times \frac{T_i s + 1}{s^2} = \frac{K(T_i s + 1)}{s^2}$$

式中，$K = \dfrac{K_p}{T_i}$ 为系统的开环增益。

根据已知条件，要求系统跟踪加速度输入信号的稳态误差为 0.1，即要求满足条件 $e_{ss} = \dfrac{1}{K} = 0.1$，此时可得 $K = \dfrac{1}{e_{ss}} = 10$。则校正后的系统开环传递函数为

$$G_c(s)G(s) = \frac{10(T_i s + 1)}{s^2}$$

则校正后的系统开环幅频特性和相频特性分别为

$$A(\omega) = \frac{10\sqrt{1 + (T_i \omega)^2}}{\omega^2}$$

$$\varphi(\omega) = \arctan(T_i \omega) - 180°$$

根据已知条件，要求系统的相角裕度为 $\gamma = 45°$，即要求满足条件

$$\gamma = 180° + \varphi(\omega_c) = 45°$$

式中，ω_c 为幅值剪切频率。将 $\varphi(\omega_c) = \arctan(T_i \omega_c) - 180°$ 代入上式，可得

$$T_i \omega_c = 1$$

因为在幅值剪切频率 ω_c 处有 $A(\omega_c) = 1$，即

$$\frac{10\sqrt{1 + (T_i \omega_c)^2}}{\omega_c^2} = 1$$

根据以上两式，可以解得 $\omega_c = 3.76\text{rad/s}$，$T_i = 0.266\text{s}$。所以 PI 控制器的传递函数为 $G_c(s) = \dfrac{10(0.266s + 1)}{s}$。

6.3.3　PD 控制器

（1）D 控制器的定义

具有微分控制规律的控制器称为微分控制器（简称 D 控制器）。D 控制器的输出变量 $u(t)$ 和输入变量 $e(t)$ 之间的关系被定义为

$$u(t) = K_d \frac{\mathrm{d}e(t)}{\mathrm{d}t} \tag{6-11}$$

式中，K_d 为 D 控制器的比例系数。

由式（6-11）可见，D 控制器实际上就是一种微分器。

D 控制器的传递函数为

$$G_c(s) = \frac{U(s)}{E(s)} = K_d s \qquad (6\text{-}12)$$

D 控制器的频率特性、对数幅频特性和对数相频特性分别为

$$G_c(j\omega) = K_i j\omega, \quad L_c(\omega) = 20\lg K_i + 20\lg\omega, \quad \varphi_c(\omega) = 90°$$

D 控制器的传递函数方块图如图 6-23 所示。

由 D 控制器与传递函数为 $G_0(s)$ 的被控对象所组成的闭环微分控制系统的传递函数方块图如图 6-24 所示。

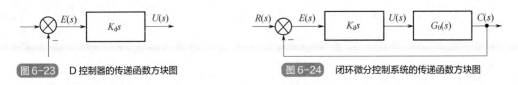

图 6-23　D 控制器的传递函数方块图　　图 6-24　闭环微分控制系统的传递函数方块图

（2）PD 控制器的定义

在系统设计时，一般不单独使用 D 控制器，而是采用比例微分控制器（简称 PD 控制器）。PD 控制器的输出变量 $u(t)$ 与输入变量 $e(t)$ 之间的关系被定义为

$$u(t) = K_p e(t) + K_d\frac{\mathrm{d}e(t)}{\mathrm{d}t} = K_p e(t) + K_p T_d\frac{\mathrm{d}e(t)}{\mathrm{d}t} \qquad (6\text{-}13)$$

式中，T_d 为 PD 控制器的微分时间常数，s。

由式（6-13）可见，PD 控制器由比例控制项和微分控制项叠加组成。

PD 控制器的传递函数为

$$G_c(s) = \frac{U(s)}{E(s)} = K_p + K_p T_d s = K_p(1 + T_d s) \qquad (6\text{-}14)$$

由式（6-14）可见，PD 控制器实际上就是比例环节和一阶微分环节的串联。

PD 控制器的频率特性为

$$G_c(j\omega) = K_p(1 + T_d j\omega) \qquad (6\text{-}15)$$

PD 控制器的传递函数方块图如图 6-25 所示。

由 PD 控制器与传递函数为 $G_0(s)$ 的被控对象所组成的闭环比例微分控制系统的传递函数方块图如图 6-26 所示。

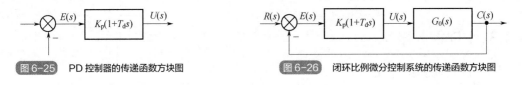

图 6-25　PD 控制器的传递函数方块图　　图 6-26　闭环比例微分控制系统的传递函数方块图

（3）PD 控制器的作用

PD 控制器由比例控制项和微分控制项叠加组成。其中，比例控制项 $K_p e(t)$ 与输入偏差信号 $e(t)$ 成正比；微分控制项 $K_p T_d\dfrac{\mathrm{d}e(t)}{\mathrm{d}t}$ 与输入偏差信号 $e(t)$ 的变化率成正比，即微分控制项只在系统动态调节过程中起作用，在稳态时，该项为零，不起作用。因此，在控制系统设计中，不单独使用微分环节。PD 控制器中的微分控制能反映偏差输入信号的变化趋势，产生有效的早期修

正信号，以增加系统的阻尼程度，从而改善系统的稳定性。在串联校正时，可以使系统增加一个开环零点，提高系统的相角裕度，有助于改善系统的动态性能。

PD 控制器的输出信号具有预测偏差输入信号变化趋势的作用，时间常数 T_d 就是微分控制作用超前于比例控制作用的时间间隔，也就是在系统偏差刚出现发生较大变化的迹象，PD 控制器即会产生相反的作用信号，避免产生过大的超调，使系统的相对稳定性提高，并能加快系统的过渡过程，提高系统的快速性。

微分环节对噪声敏感。如果偏差信号变化率剧烈波动，如有高频噪声干扰存在，或微分时间常数 T_d 选得过大，那么微分控制部分可能导致调节过度或增大冲击，甚至引起振荡，反而对稳定控制不利。

PD 控制器的控制作用如图 6-27 所示，此处设 $K_p = 1$。由图 6-27 可见，幅值穿越频率 ω_c 增大，提高了系统的快速性。另外，尽管 ω_c 右移，但微分控制作用使相角裕度增加，即 $\gamma(\omega_c) > 0$，稳定性还是有所提高。微分控制作用改善了系统的动态性能，但高频段增益上升，使得系统的抗干扰能力减弱。

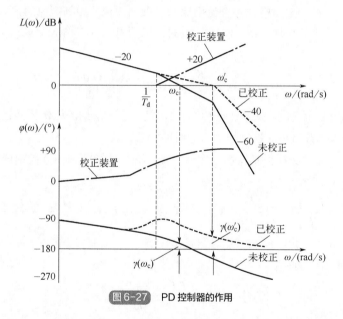

图 6-27　PD 控制器的作用

例 6-4　已知具有 PD 控制器的闭环系统如图 6-28 所示，且已知 PD 控制器的传递函数为 $G_{PD}(s) = K_p(1 + T_d s)$，被控对象的传递函数为 $G_0(s) = \dfrac{1}{Js^2}$。分析 PD 控制器对系统性能的影响。

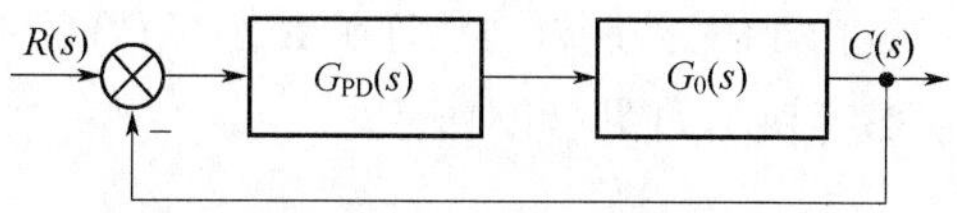

图 6-28　具有 PD 控制器的闭环系统

解： 在没有接入 PD 控制器之前，闭环系统的传递函数为

$$\Phi_1(s) = \frac{\dfrac{1}{Js^2}}{1 + \dfrac{1}{Js^2}} = \frac{1}{Js^2 + 1}$$

显然闭环系统的阻尼比为零，其输出 $c(t)$ 为等幅振荡的形式，系统处于临界稳定状态，实际为不稳定。

在接入 PD 控制器之后，闭环系统的传递函数为

$$\varPhi_2(s) = \frac{\dfrac{K_p(1+T_d s)}{Js^2}}{1+\dfrac{K_p(1+T_d s)}{Js^2}} = \frac{K_p T_d s + K_p}{Js^2 + K_p T_d s + K_p}$$

在接入 PD 控制器之后，闭环系统的阻尼比 $\zeta = \dfrac{T_d}{2}\sqrt{\dfrac{K_p}{J}}$，显然闭环系统的阻尼比大于零，

系统稳定。阻尼比 ζ 的大小可以通过改变 PD 控制器的参数 K_p 和 T_d 来调整。

6.3.4　PID 控制器

（1）PID 控制器的定义

在系统设计时，以一定的格式综合使用比例、微分和积分控制规律的控制器称为比例积分微分控制器（简称 PID 控制器）。PID 控制器的输出变量 $u(t)$ 与输入变量 $e(t)$ 之间的关系被定义为

$$u(t) = K_p e(t) + \frac{K_p}{T_i}\int_0^t e(t)\mathrm{d}t + K_p T_d \frac{\mathrm{d}e(t)}{\mathrm{d}t} \tag{6-16}$$

式中，K_p 为 PID 控制器的增益或放大倍数，是一个无量纲的比例系数；T_i 为 PID 控制器的积分时间常数，s；T_d 为 PID 控制器的微分时间常数，s。

由式（6-16）可知，PID 控制器由比例控制项、微分控制项和积分控制项三项叠加组成。

PID 控制器的传递函数为

$$G_c(s) = \frac{U(s)}{E(s)} = K_p + \frac{K_p}{T_i s} + K_p T_d s = K_p\left(1+\frac{1}{T_i s}+T_d s\right) = K_p \frac{T_i T_d s^2 + T_i s + 1}{T_i s} \tag{6-17}$$

由式（6-17）可知，PID 控制器实际上就是比例环节、积分环节和二阶微分环节的串联。

PID 控制器的频率特性为

$$G_c(\mathrm{j}\omega) = K_p \frac{T_i T_d (\mathrm{j}\omega)^2 + T_i \mathrm{j}\omega + 1}{T_i \mathrm{j}\omega} \tag{6-18}$$

PID 控制器的传递函数方块图如图 6-29 所示。

由 PID 控制器与传递函数为 $G_0(s)$ 的被控对象所组成的闭环比例积分微分控制系统的传递函数方块图如图 6-30 所示。

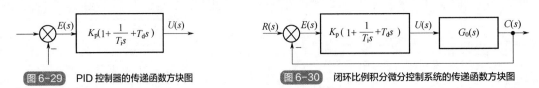

图 6-29　PID 控制器的传递函数方块图　　图 6-30　闭环比例积分微分控制系统的传递函数方块图

（2）PID 控制器的作用

如果偏差信号 $e(t)$ 为速度函数，如图 6-31（a）所示，则 PID 控制器的输出 $u(t)$ 将如图 6-31（b）所示。

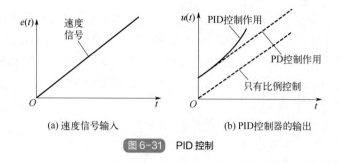

(a) 速度信号输入　　　　　　(b) PID控制器的输出

图6-31　PID控制

当系统中加入 PID 控制器后，选择适当的参数，不仅能提高系统的稳态精度，而且能提高系统的稳定性，大大改善控制系统的静、动态性能。

PID 控制器具有三个独立的待定系数 K_p、T_i 和 T_d，每一个待定系数项都将影响系统的传递函数。积分项使系统的型别增加一个等级，增加了 PID 控制器后，0 型系统变成 I 型系统，I 型系统变成 II 型系统，所以由 PID 控制器校正后的系统增加了一阶无静差度。

K_p 的作用是增大系统的通频带，可以提高响应速度，但是也会使系统的稳定性变差。减小 T_i 实际的作用是增加积分增益，但是减小了系统的相位稳定裕度。T_d 的作用是给系统提供阻尼，改善系统稳定性，但同时会放大高频噪声。所以 PID 控制器的三个系数必须根据实际情况进行折中选择，否则将不能取得较好的效果。图 6-32 显示了系统在阶跃信号输入时，分别采用比例（P）校正、比例积分（PI）校正和比例积分微分（PID）校正与不加 PID 控制器时的响应曲线。

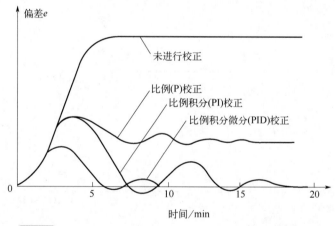

图6-32　阶跃信号输入时，分别加入 P、PI 和 PID 校正的响应曲线对比

下面具体分析 PID 控制器的零点和极点。当 $\dfrac{4T_d}{T_i}<1$ 时，由式（6-17）可得

$$G_c(s)=\frac{K_p}{T_i}\times\frac{T_iT_ds^2+T_is+1}{s}=\frac{K_pT_d(s-z_1)(s-z_2)}{s} \tag{6-19}$$

式中，$z_1=\dfrac{-1-\sqrt{1-\dfrac{4T_d}{T_i}}}{2T_d}$ 和 $z_2=\dfrac{-1+\sqrt{1-\dfrac{4T_d}{T_i}}}{2T_d}$ 为两个不相等的负实数零点。

由此可见，当系统加入 PID 控制器后，可为系统增加一个积分环节和两个负实数零点。一个积分环节增加了一个位于原点的极点。积分环节可以提高系统的型别，消除或减小系统的稳态误差，提高系统的稳态性能。负实数零点可以使系统产生超前的相位，增加系统的相角裕度，使系统的相对稳定性提高，改善系统的动态性能。对于 PID 控制器，提高稳态性能的积分发生在低频段，改善动态性能的微分发生在高频段。PID 控制器的两个负实数零点所体现的动态性能比 PI 控制器更具有优越性。

PID 控制器是工业控制中广泛采用的一种控制方式，在实际应用中，只要合理选择控制器的参数，即可全面提高系统的控制性能，实现有效的控制。

为便于观察 PID 控制器的频率特性，取 $K_p = 1$，有

$$G_c(j\omega) = \frac{T_i j\omega + 1 - T_i T_d \omega^2}{T_i j\omega} = \frac{j\dfrac{\omega}{\omega_i} + 1 - \dfrac{\omega^2}{\omega_i \omega_d}}{j\dfrac{\omega}{\omega_i}} \tag{6-20}$$

式中，$\omega_i = \dfrac{1}{T_i}$，$\omega_d = \dfrac{1}{T_d}$。

PID 控制器的伯德图如图 6-33 所示，其中，设 $\omega_i < \omega_d$。由图 6-33 可见，PID 控制在低频段主要起积分控制作用，改善系统的稳态性能；在中频段主要起微分控制作用，提高系统的动态性能。

如果 $K_p > 1$，则图 6-33 所示的对数幅频特性曲线上移 $20 \lg K_p$，对数相频特性曲线不变。

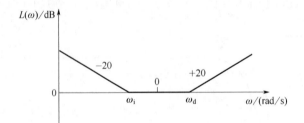

图 6-33　PID 控制器的伯德图

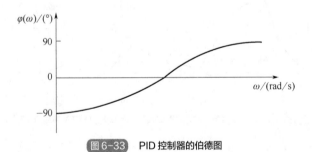

例 6-5 的单位反馈系统

例 6-5　已知采用 PID 控制器进行校正的单位反馈系统如图 6-34 所示，其中，被控对象的传递函数为 $G_0(s) = \dfrac{50}{(s+5)(s+10)}$，PID 控制器的传递函数为 $G_c(s) = K_p + \dfrac{K_i}{s} + K_d s$。现要求系统校正后的闭环极点分别为 $s_1 = -100$，$s_2 = -10 - j10$，$s_3 = -10 + j10$。试确定 PID 控制器的参数 K_p、K_i 和 K_d。

解： 系统校正后的闭环传递函数为

$$\Phi(s) = \frac{C(s)}{R(s)} = \frac{G_c(s)G_0(s)}{1 + G_c(s)G_0(s)}$$

$$= \frac{\left(K_p + \dfrac{K_i}{s} + K_d s\right)\dfrac{50}{(s+5)(s+10)}}{1 + \left(K_p + \dfrac{K_i}{s} + K_d s\right)\dfrac{50}{(s+5)(s+10)}}$$

$$= \frac{50(K_d s^2 + K_p s + K_i)}{s(s+5)(s+10) + 50(K_d s^2 + K_p s + K_i)}$$

$$= \frac{50(K_d s^2 + K_p s + K_i)}{s^3 + (15 + 50K_d)s^2 + (50 + 50K_p)s + 50K_i}$$

根据已知闭环极点的要求，系统校正后的闭环传递函数的特征多项式为

$$D(s) = (s - s_1)(s - s_2)(s - s_3)$$
$$= (s+100)(s+10+j10)(s+10-j10)$$
$$= s^3 + 120s^2 + 2200s + 20000$$

可得与 PID 控制器的参数 K_p、K_i 和 K_d 有关的代数方程为

$$s^3 + (15 + 50K_d)s^2 + (50 + 50K_p)s + 50K_i == s^3 + 120s^2 + 2200s + 20000$$

进而可得代数方程

$$15 + 50K_d = 120$$
$$50 + 50K_p = 2200$$
$$50K_i = 20000$$

可解得 PID 控制器的参数 K_p、K_i 和 K_d 分别为

$$K_p = 43$$
$$K_i = 400$$
$$K_d = 2.1$$

由此可见，在本系统中，PID 控制器的微分参数 K_d 的值远远小于比例参数 K_p 的值和积分参数 K_i 的值。这种情况在实际的工业过程控制系统中是一种普遍的现象。因此，在大多数情况下，可以忽略 PID 控制器的微分参数 K_d 的值，用 PI 控制器来近似取代 PID 控制器，基本能够满足系统性能的要求。

6.4　反馈校正

反馈校正是指校正装置 $G_c(s)$ 接在系统的局部反馈通道中，与系统的不可变部分或者不可变部分中的一部分 $G_2(s)$ 组成反馈连接的方式，如图 6-35 所示。反馈校正的特点是，不仅能够改善系统性能，且对于系统参数波动及非线性因素对系统性能的影响有一定的抑制作用，但其结构比较复杂。

反馈校正也称并联校正，可以理解为现代控制理论中的状态反馈。如果一个系统是能控的，则能够通过状态反馈任意配置闭环极点，在现代控制工程中得到了广泛的应用。常见的有被控量的速度反馈、加速度反馈、执行机构的输出位移反馈和速度反馈以及复杂系统的中间变量反

馈等。在机电随动系统和调速系统中，转速、加速度、电枢电流等都可用作反馈信号源，而具体的反馈元件实际上就是一些测量传感器，如测速发电机、加速度传感器、电流互感器等。从控制的观点来看，反馈校正比串联校正有其突出的特点，它能有效地改变被包围环节的动态结构和参数。在一定条件下，反馈校正甚至能完全取代被包围环节，从而可以大大减弱这部分环节由于特性参数变化及各种干扰给系统带来的不利影响。

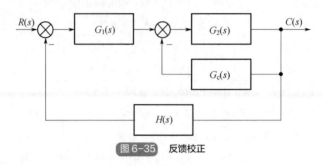

图 6-35　反馈校正

6.4.1　利用反馈校正改变局部结构和参数

（1）比例反馈包围积分环节

图 6-36 为积分环节被比例环节包围，则闭环系统的传递函数为

$$G(s) = \frac{\dfrac{K}{s}}{1 + \dfrac{KK_H}{s}} = \frac{\dfrac{1}{K_H}}{\dfrac{s}{KK_H} + 1}$$

结果由原来的积分环节转变成一阶惯性环节。

（2）比例反馈包围一阶惯性环节

图 6-37 为一阶惯性环节被比例环节包围，则闭环系统的传递函数为

$$G(s) = \frac{\dfrac{K}{Ts+1}}{1 + \dfrac{KK_H}{Ts+1}} = \frac{\dfrac{K}{1+KK_H}}{\dfrac{Ts}{1+KK_H} + 1}$$

图 6-36　比例反馈包围积分环节　　　　图 6-37　比例反馈包围惯性环节

结果仍为一阶惯性环节，但是时间常数减小了。反馈系数 K_H 越大，时间常数越小，其代价是减小了放大倍数。

（3）微分反馈包围一阶惯性环节

图 6-38 为一阶惯性环节被微分环节包围，则闭环系统的传递函数为

$$G(s) = \frac{\dfrac{K}{Ts+1}}{1+\dfrac{KK_1 s}{Ts+1}} = \frac{K}{(T+KK_1)s+1}$$

结果仍为一阶惯性环节，但是时间常数增大了。反馈系数 K_1 越大，时间常数越大。因此，利用局部反馈可使原系统中各环节的时间常数发生改变，从而改善系统的动态平稳性。

（4）微分反馈包围二阶振荡环节

图 6-39 为二阶振荡环节被微分反馈包围，则闭环系统的传递函数为

$$G(s) = \frac{\dfrac{K}{T^2 s^2 + 2\zeta Ts+1}}{1+\dfrac{KK_1 s}{T^2 s^2 + 2\zeta Ts+1}} = \frac{K}{T^2 s^2 + (2\zeta T+KK_1)s+1}$$

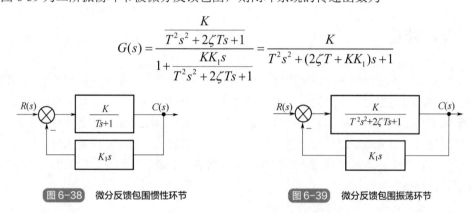

图 6-38　微分反馈包围惯性环节　　　图 6-39　微分反馈包围振荡环节

结果仍为二阶振荡环节，但是阻尼比却显著加大，从而有效地减弱小阻尼环节的不利影响。微分反馈 $K_1 s$ 通常是将被包围环节的输出量的速度信号反馈至输入端，故常称速度反馈。如果反馈环节的传递函数为 $K_1 s^2$，则称为加速度反馈。速度反馈在随动系统中使用得极为广泛，而且在具有较高快速性的同时，还具有良好的平稳性。当然，实际上理想的微分环节是难以得到的，如测速发电机还具有电磁时间常数，故速度反馈的传递函数可取 $H(s) = \dfrac{K_1 s}{T_1 s+1}$。只要 T_1 足够小，一般要求小于 0.01s，则 $T_1 s$ 与 1 相比可以忽略不计，增大振荡环节阻尼比的效应仍然很明显。

6.4.2　利用反馈校正取代局部结构

利用反馈校正有时可以取代局部结构，其原理很简单，前提是开环放大倍数足够大。在图 6-40 所示的闭环回路中，前向通道传递函数即原结构的传递函数为 $G_1(s)$，反馈环节的传递函数为 $H_1(s)$，则系统的闭环传递函数为

$$G(s) = \frac{G_1(s)}{1+G_1(s)H_1(s)}$$

频率特性为

$$G(j\omega) = \frac{G_1(j\omega)}{1+G_1(j\omega)H_1(j\omega)}$$

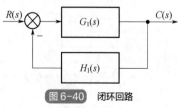

图 6-40　闭环回路

在一定频率范围内，如能选择结构参数，使 $\left|G_1(\mathrm{j}\omega)H_1(\mathrm{j}\omega)\right|\gg 1$，则

$$G(\mathrm{j}\omega)\approx\frac{1}{H_1(\mathrm{j}\omega)}$$

即局部闭环传递函数等效于

$$G(s)\approx\frac{1}{H_1(s)}$$

这样，局部闭环传递函数与被包围的原结构传递函数 $G_1(s)$ 基本无关，达到了以 $\dfrac{1}{H_1(s)}$ 取代 $G(s)$ 的目的。反馈校正的这种作用，在系统设计和调试中，常被用来改造不希望有的某些环节，以及消除非线性、时变参数的影响和抑制干扰。

6.5　复合校正

利用串联校正和反馈校正在一定程度上可以改善系统的性能。在闭环控制系统中，控制作用由偏差产生，因此控制过程中偏差是无法避免的。对于稳态精度要求很高的系统，为了减少误差，常采用提高系统的开环增益或串联积分环节来解决。但这样做往往会导致系统的稳定性变差，甚至使原来稳定的系统变得不稳定。有的系统要求的性能很高，既要求稳态误差小，又要求良好的动态性能。这时可将开环控制与闭环控制结合起来，采用复合控制的方法来对误差进行补偿。复合控制又称复合校正。

为了减小系统误差，可以考虑以下途径：

① 反馈通道的精度对于减小系统误差至关重要。反馈通道元部件的精度要高，避免在反馈通道引入干扰。

② 在系统稳定的前提下，对于输入引起的误差，增大系统开环放大倍数或提高系统型别，可以使之减小；对于干扰引起的误差，在前向通道干扰点前加积分器或增大放大倍数，可以使之减小。

③ 既要求稳态误差小，又要求良好的动态性能，只靠加大开环放大倍数或串入积分环节不能同时满足要求时，可以采用复合控制（又称为顺馈）方法对误差进行补偿。补偿的方式可分为按输入补偿和按干扰补偿。

6.5.1　按输入补偿的顺馈控制

按输入补偿的顺馈控制又称顺馈补偿闭环控制。顺馈补偿闭环控制系统的典型结构如图 6-41 所示，其中，$R(s)$ 是输入信号，$C(s)$ 是输出信号，$E(s)$ 是偏差，$G_c(s)$ 是顺馈补偿通道传递函数。该系统由两个通道组成，属于复合控制系统。一个通道是由 $G_1(s)G_2(s)$ 组成的主控制通道，为闭环控制；另一个通道是由 $G_c(s)G_2(s)$ 组成的顺馈补偿控制通道，为开环控制。系统的输出不仅与系统的误差有关，而且还与补偿信号有关。补偿信号所产生的作用，可以用来补偿原来的误差

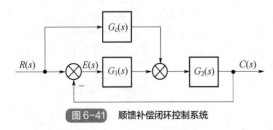

图 6-41　顺馈补偿闭环控制系统

信号。

增加顺馈补偿通道 $G_c(s)$ 之前，系统的闭环传递函数为

$$\Phi_1(s) = \frac{C(s)}{R(s)} = \frac{G_1(s)G_2(s)}{1 + G_1(s)G_2(s)}$$

增加顺馈补偿通道 $G_c(s)$ 之后，系统的闭环传递函数为

$$\Phi_2(s) = \frac{C(s)}{R(s)} = \frac{G_1(s)G_2(s) + G_c(s)G_2(s)}{1 + G_1(s)G_2(s)}$$

由此可见，在加入顺馈补偿通道 $G_c(s)$ 前后，系统的闭环传递函数的特征多项式完全相同。因此，系统虽然增加了顺馈补偿通道，但是其稳定性没有发生变化。

增加顺馈补偿通道 $G_c(s)$ 的目的是用来改善系统的偏差信号，此时系统的偏差传递函数为

$$\Phi_e(s) = \frac{E(s)}{R(s)} = \frac{1 - G_c(s)G_2(s)}{1 + G_1(s)G_2(s)}$$

如果选择 $G_c(s) = \dfrac{1}{G_2(s)}$，则有 $\Phi_e(s) = 0$，即可得到系统的偏差信号 $E(s) = 0$，从而使得 $C(s) = R(s)$。此时，系统的输出信号就可以完全复现输出信号，使得系统既没有动态误差，也没有稳态误差。因此，可以将系统看作一个无惯性系统，使系统的快速性达到最佳状态。

6.5.2 按干扰补偿的前馈控制

按干扰补偿的顺馈控制又称前馈补偿闭环控制。前馈补偿闭环控制系统的典型结构如图 6-42 所示，其中，$R(s)$ 是输入信号，$C(s)$ 是输出信号，$N(s)$ 是干扰信号，$E(s)$ 是偏差信号，$G_c(s)$ 是前馈补偿通道传递函数。如果干扰信号 $N(s)$ 是可以测量的，则可以采用这种系统结构来实现对干扰信号 $N(s)$ 的补偿。

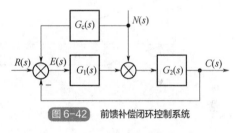

图 6-42　前馈补偿闭环控制系统

增加前馈补偿通道 $G_c(s)$ 后，输出信号 $C(s)$ 相对于干扰信号 $N(s)$ 的闭环传递函数为

$$\Phi_n(s) = \frac{C(s)}{N(s)} = \frac{G_2(s) + G_c(s)G_1(s)G_2(s)}{1 + G_1(s)G_2(s)}$$

如果选择 $G_c(s) = -\dfrac{1}{G_1(s)}$，则有 $\Phi_n(s) = 0$，即可以使得干扰信号 $N(s)$ 所产生的输出信号 $C(s) = 0$，从而消除了干扰信号 $N(s)$ 对输出信号 $C(s)$ 的影响。该系统由两个通道组成，属于复合控制系统。实际上，该系统就是利用双通道原理，实现对干扰信号 $N(s)$ 的补偿作用。一个通道是干扰信号 $N(s)$ 直接到达相加点，另一个通道是干扰信号 $N(s)$ 经过前馈环节 $G_c(s)G_1(s)$ 后到达同一个相加点。如果选择 $G_c(s) = -\dfrac{1}{G_1(s)}$，则从两个通道过来的干扰信号在此相加点处大小相等、方向相反，从而实现了干扰信号的全补偿。

本章小结

（1）相位超前校正可以增大系统的相角裕度，从而提高系统的稳定性。

（2）相位滞后校正可以减小系统的稳态误差，从而提高系统的稳态精度。

（3）相位滞后-超前校正可以在减小系统的稳态误差的同时，适当增大系统的稳定裕度。

（4）PID 控制技术是工程中常用的串联校正方法。

（5）当控制系统受到噪声干扰时，采用反馈校正和复合校正的方法，会取得更好的校正效果。

（6）系统的校正方法较多，选择和设计合理的校正方法是一项复杂的技术工作，需要大量的理论知识和实践经验。

 习题

6-1　已知单位反馈控制系统，其被控对象 $G_0(s)$ 和串联校正装置 $G_c(s)$ 的开环对数幅频特性如题 6-1 图中 L_0 和 L_c 所示。要求：

① 写出校正后各系统的开环传递函数；

② 分析各 $G_c(s)$ 对系统的作用，并比较其优缺点。

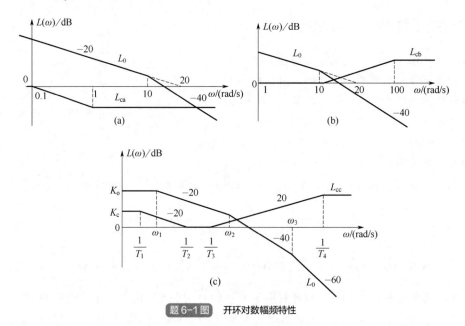

题 6-1 图　开环对数幅频特性

6-2　已知三种串联校正装置的开环对数幅频特性如题 6-2 图所示，且均由最小相位环节组成。如果原单位反馈系统的开环传递函数为 $G(s) = \dfrac{400}{s^2(0.01s+1)}$ ，试问：

① 这些校正装置中，哪一种可使校正后系统的稳定程度最好？

② 为了将 12Hz 的正弦噪声削弱 10 倍左右，应当采用哪种校正装置？

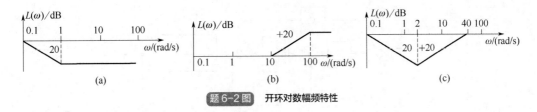

(a)　　　　　　　　　(b)　　　　　　　　　(c)

题 6-2 图　开环对数幅频特性

6-3　已知系统的开环对数幅频特性如题 6-3 图所示，其中，虚线表示校正前，实线表示校正后。

① 确定所用的是何种串联校正方式，写出校正装置的传递函数 $G_c(s)$ ；

② 确定使校正后系统稳定的开环增益范围；

③ 当开环增益 $K = 1$ 时，求校正后系统的相角裕度 γ 和幅值裕度 K_g 。

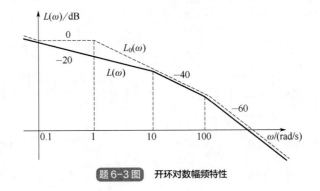

题 6-3 图　开环对数幅频特性

6-4　设有单位反馈电机控制系统的开环传递函数为

$$G(s) = \frac{K}{s(0.2s+1)(0.5s+1)}$$

如果要求系统最大输出速度为 $2\text{r}/\min$ ，输出位置的容许误差小于 $2°$ ，试求：

① 确定满足上述指标的最小 K 值，并计算系统的相角裕度和幅值裕度；

② 在前向通道中串联相位超前校正装置 $G_c(s) = \dfrac{0.4s+1}{0.08s+1}$ ，计算校正后系统的相角裕度和幅值裕度，说明超前校正对系统动态性能的影响。

6-5　设单位反馈系统的开环传递函数 $G(s) = \dfrac{K}{s(s+1)}$ ，试设计一个相位超前校正装置，使系统满足下列指标：

① 在单位斜坡输入下的稳态误差 $e_{ss} < \dfrac{1}{15}$ ；

② 截止频率 $\omega_c \geqslant 7.5\text{rad/s}$ ；

③ 相角裕度 $\gamma \geqslant 45°$ 。

6-6　设复合控制系统方块图如题 6-6 图所示。确定 K_c ，使系统在 $r(t) = t$ 作用下无稳态误差。

6-7　已知复合控制系统方块图如题 6-7 图所示，试求：

① 不加虚线所画的顺馈控制时，系统在干扰作用下的传递函数 $\Phi_n(s)$ ；

② 当干扰 $n(t) = \Delta 1(t)$ 时，系统的稳态输出；

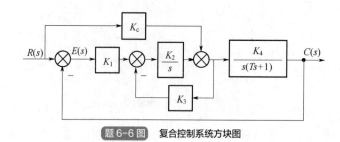

题 6-6 图　复合控制系统方块图

③ 如果加入虚线所画的顺馈控制时，系统在干扰作用下的传递函数，并求 $n(t)$ 对输出 $c(t)$ 稳态值影响最小的适合 K 值。

6-8　设复合校正控制系统方块图如题 6-8 图所示，其中，$N(s)$ 为可量测扰动。若要求系统输出 $C(s)$ 完全不受 $N(s)$ 的影响，且跟踪阶跃信号的稳态误差为零，试确定前馈补偿装置 $G_{c1}(s)$ 和串联校正装置 $G_{c2}(s)$。

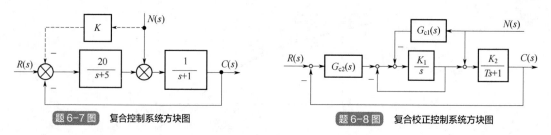

题 6-7 图　复合控制系统方块图　　　题 6-8 图　复合校正控制系统方块图

6-9　复合控制系统方块图如题 6-9 图所示。图中，K_1、K_2、T_1、T_2 均为大于零的常数。试分析：

① 当闭环系统稳定时，参数 K_1、K_2、T_1、T_2 应满足的条件；

② 当输入 $r(t)=V_0 t$ 时，选择校正装置 $G_c(s)$，使得系统无稳态误差。

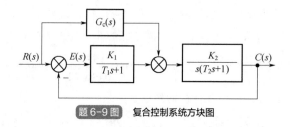

题 6-9 图　复合控制系统方块图

6-10　设复合控制系统方块图如题 6-10 图所示。图中，$G_n(s)$ 为前馈补偿装置的传递函数，$G_c(s)=K_t s$ 为测速发电机及分压电位器的传递函数，$G_1(s)$ 和 $G_2(s)$ 为前向通路环节的传递函数，$N(s)$ 为可量测扰动。如果 $G_1(s)=K_1$，$G_2(s)=\dfrac{1}{s^2}$，试确定 $G_n(s)$ 和 $G_c(s)$，使系统输出量完全不受扰动的影响，且单位阶跃响应的超调量 $\sigma=25\%$，峰值时间 $t_p=2\mathrm{s}$。

6-11　已知系统方块图如题 6-11 图所示，试求：

① 引起闭环系统临界稳定的 K 值和对应的振荡频率 ω；

② 当 $r(t)=t^2$ 时，要使系统稳态误差 $e_{ss}\leqslant 0.5$，确定满足要求的 K 值范围。

6-12　已知有源电路装置如题 6-12 图所示，试证明该装置为 PI 控制器。

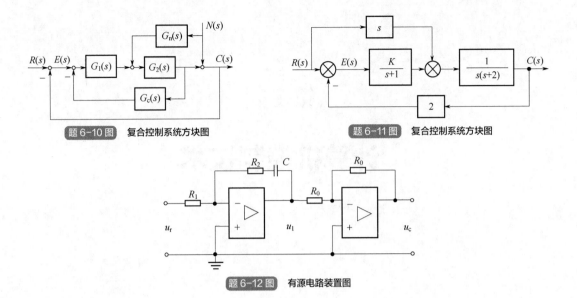

题 6-10 图　复合控制系统方块图

题 6-11 图　复合控制系统方块图

题 6-12 图　有源电路装置图

第 7 章

计算机控制技术

 本章思维导图

扫描下载本书电子资源

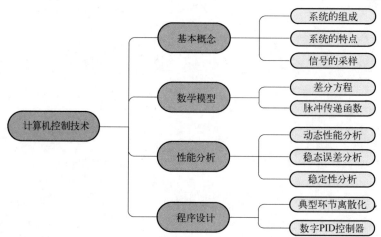

 本章学习目标

（1）理解计算机控制系统的组成和特点。

（2）理解连续信号的采样过程和采样定理。

（3）理解和掌握离散系统差分方程的求解和脉冲传递函数的计算。

（4）理解和掌握离散系统动态性能、稳态误差和稳定性等的分析方法。

（5）理解和掌握控制系统典型环节的离散化方法。

（6）理解数字 PID 控制器的程序设计方法。

随着计算机技术的发展，计算机已经在控制工程领域得到了广泛的应用。在控制系统中，计算机可以作为系统的控制器来直接参与或完成系统的控制工作。这种以计算机为控制器的控制系统就构成了计算机控制系统，形成了计算机控制技术。目前，化工、冶金、电力、航空航天、轨道交通和机械制造等许多行业都普遍采用计算机控制技术。在控制工程领域，计算机控制技术也被称为离散控制技术、数字控制技术或采样控制技术。本章将介绍计算机控制技术的基础知识。

7.1 计算机控制系统概述

7.1.1 计算机控制系统的组成

计算机控制系统的基本组成如图 7-1 所示，其中，被控对象是模拟系统，输入信号 $r(t)$ 和输出信号 $c(t)$ 是模拟信号。因为计算机不能处理模拟信号，所以需要采用模拟信号与数字信号的转换装置，即 A/D 转换器，将模拟信号转换为数字信号。首先，对偏差模拟信号 $e(t)$ 进行采样、量化和编码，即通过 A/D 转换器得到偏差数字信号 $e(n)$。计算机按照事先设计的控制算法，对偏差数字信号 $e(n)$ 进行计算和处理，得到控制数字信号 $u(n)$。然后，通过 D/A 转换器进行信号恢复，将控制数字信号 $u(n)$ 转换为控制模拟信号 $u(t)$，最后作用到被控对象上。

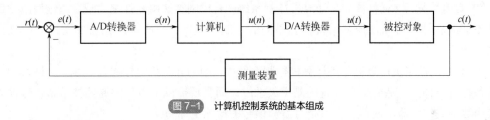

图 7-1 计算机控制系统的基本组成

在计算机控制系统中，计算机代替了原来的模拟控制器。因此，与连续控制系统相比，计算机控制系统在系统结构、信号形式和工作方式等方面具有一些明显的特征。

（1）系统结构方面

在连续控制系统中，各处的部件均为模拟部件。在计算机控制系统中，因为计算机是一种数字处理装置，而被控对象、执行机构和测量元件等装置一般都是模拟部件，所以计算机控制系统一般同时包含模拟部件和数字部件，是一种混合控制系统。

（2）信号形式方面

在连续控制系统中，各处的信号均为模拟信号。在计算机控制系统中，往往同时存在模拟信号和数字信号等多种信号形式。因为计算机只能处理数字信号，计算机控制系统必须按一定的采样间隔对模拟信号进行采样，将其转换为数字信号，再输入到计算机中进行处理，所以计算机控制系统一般同时包含模拟信号和数字信号，是一种混合信号系统。

（3）工作方式方面

在连续控制系统中，模拟控制器通常由各种模拟电路构成，而且一个模拟控制器只能控制一个被控对象或一个控制回路。在计算机控制系统中，一台计算机可以同时控制多个被控对象或多个控制回路，所以一台计算机可以实现多个模拟控制器的控制功能。

7.1.2 计算机控制系统的特点

随着生产的发展与技术的进步，对自动化技术的要求越来越高，常规连续控制系统的应用受到了极大的限制，如常规连续控制系统难以实现多变量的复杂控制需求。计算机在控制系统中的广泛应用，给控制系统带来了重大的改变。与连续控制系统相比，计算机控制系统除了能够完成连续控制系统的基本功能以外，还具有一些独特的优点。

① 容易实现复杂的控制规律。由于计算机的运行速度快，精度高，具有丰富的逻辑判断功能和大容量的存储能力，因此容易实现复杂的控制规律，如最优控制、自适应控制、模糊控制和智能控制等，从而可以实现连续控制系统难以实现的要求，极大地提高了控制系统的性能。

② 较高的性能价格比。在计算机控制系统中，计算机是控制器。一台计算机可以控制多个回路，所以增加控制回路的费用相对比较低。在连续控制系统中，模拟控制装置的成本几乎与控制规律的复杂程度及控制回路的数量多少成正比，所以计算机控制系统具有比较高的性能价格比。

③ 实用性强，灵活性高。在计算机控制系统中，控制算法由软件来实现。通过修改软件或执行不同的软件，可以使控制系统具有不同的性能，所以计算机控制系统的实用性强且灵活性高。

④ 系统的测量灵敏度高。在计算机控制系统中，因为计算机直接参与控制，允许控制系统使用各种数字部件，从而提高系统的测量灵敏度。而且还可以采用数字通信技术来传输信息，如采用数字式传感器，使得控制系统对微弱信号的检测更加敏感。

⑤ 控制功能与管理功能更易结合。在计算机控制系统中，因为计算机直接参与控制，计算机控制系统可以实现更高层次的自动化。

⑥ 系统的可靠性更高。由于计算机控制系统可比较方便地实现系统的自动检测和故障诊断，所以提高了系统的可靠性。

虽然计算机控制系统具有上述这些优点，但是与连续控制系统相比，也存在一些缺点和问题，如二进制数的量化误差和控制系统的计算延迟等。

7.2 连续信号的采样

为了定量分析计算机控制系统的性能，需要使用数学方法对连续信号的采样进行描述。

7.2.1 连续信号的采样过程

连续信号的实际采样过程是指按照一定的时间间隔 T 对连续信号进行取值，将其转换为相应的脉冲序列的过程，如图 7-2 所示。实现采样过程的装置叫作采样器或采样开关。采样器每次采样的时间间隔称为采样周期 T，采样器每次闭合的持续时间为 τ。

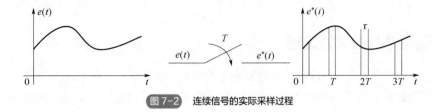

图 7-2　连续信号的实际采样过程

实际上，因为闭合的持续时间 τ 通常远远小于采样周期 T，也远远小于连续系统的各个时间常数，所以在分析采样过程时，可以认为持续时间 τ 趋近于 0。在这种条件下，当采样器的输入信号为连续信号 $e(t)$ 时，其输出信号 $e^*(t)$ 是一个脉冲序列，采样瞬时 $e^*(t)$ 的幅值等于相应瞬时 $e(t)$ 的幅值。

当 $\tau=0$ 时，采样过程实际上就是一个脉冲调制过程，被称为理想采样过程，如图 7-3 所示。

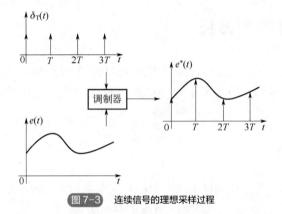

图 7-3　连续信号的理想采样过程

理想采样器就是一个单位理想脉冲序列发生器，能够产生一系列的单位脉冲序列

$$\delta_{\mathrm{T}}(t)=\sum_{n=0}^{\infty}\delta(t-nT) \tag{7-1}$$

其中，$\delta(t-nT)$ 是出现在时刻 $t=nT$ 时且脉冲强度为 1 的单位脉冲。

因此，如果用数学方法描述理想采样过程，采样信号 $e^*(t)$ 就是连续信号 $e(t)$ 和单位脉冲序列 $\delta_{\mathrm{T}}(t)$ 的乘积，即

$$e^*(t) = e(t)\delta_{\mathrm{T}}(t) = e(t)\sum_{n=0}^{\infty}\delta(t-nT) = \sum_{n=0}^{\infty}e(nT)\delta(t-nT) \tag{7-2}$$

因此，采样信号 $e^*(t)$ 仍然是一个脉冲序列，各个脉冲的强度分别等于各个采样瞬时的采样数值。对采样信号 $e^*(t)$ 进行拉普拉斯变换，可得

$$E^*(s) = L[e^*(t)] = L[\sum_{n=0}^{\infty}e(nT)\delta(t-nT)] = \sum_{n=0}^{\infty}e(nT)L[\delta(t-nT)]$$

根据拉普拉斯变换的位移定理，有

$$L[\delta(t-nT)] = \mathrm{e}^{-nTs}\int_0^{\infty}\delta(t)\mathrm{e}^{-st}\mathrm{d}t = \mathrm{e}^{-nTs}$$

所以，采样信号 $e^*(t)$ 的拉普拉斯变换为

$$E^*(s) = \sum_{n=0}^{\infty} e(nT)\mathrm{e}^{-nTs}$$

（7-3）

7.2.2　连续信号的采样定理

如果采样器的输入信号 $e(t)$ 是频带宽度有限的信号，设其最高频率为 ω_m，如果从采样信号 $e^*(t)$ 中能够完整地恢复原始的输入信号 $e(t)$，则采样过程的采样角频率 ω_s 必须满足 $\omega_\mathrm{s} \geqslant 2\omega_\mathrm{m}$，或者采样周期 T 必须满足 $T \leqslant \dfrac{\pi}{\omega_\mathrm{m}}$，这就是连续信号的采样定理。

在工程中，一般将 $\omega_\mathrm{N} = 2\omega_\mathrm{m}$ 称为奈奎斯特频率，即采样器所需要的最小采样频率。为了从采样信号中完整地恢复原始的连续信号，连续信号的采样定理明确指出了采样周期 T 的上界，或采样角频率 ω_s 的下界。在设计和应用计算机控制系统时，必须严格遵守连续信号的采样定理。

7.3　离散系统的差分方程

为了研究计算机控制系统的性能，需要建立计算机控制系统的数学模型。大多数计算机控制系统可以用离散系统的数学模型来描述。连续系统的数学模型采用微分方程来描述。与之类似，离散系统的数学模型采用差分方程来描述。

7.3.1　差分的概念

设连续函数为 $y(t)$，对应的采样函数为 $y(k)$，定义其一阶后向差分为

$$\Delta y(k) = y(k) - y(k-1)$$

（7-4）

即一阶后向差分是当前采样时刻的幅值与上一个采样时刻的幅值之差。

定义二阶后向差分为一阶后向差分的一阶后向差分：

$$\Delta^2 y(k) = \Delta y(k) - \Delta y(k-1) = y(k) - 2y(k-1) + y(k-2)$$

（7-5）

以此类推，定义 n 阶后向差分为 $n-1$ 阶后向差分的一阶后向差分：

$$\Delta^n y(k) = \Delta^{n-1} y(k) - \Delta^{n-1} y(k-1)$$

（7-6）

根据上述差分的定义可知，当前采样时刻 k 的各阶差分的获得，只需要已知当前采样时刻 k 和过去采样时刻 $k-1$、$k-2$、……的采样数据，并不需要已知未来采样时刻 $k+1$、$k+2$、……的采样数据。所以，这样定义的差分称为后向差分，简称差分。

如当前采样时刻 k 的各阶差分的计算需要当前采样时刻 k 和未来采样时刻 $k+1$、$k+2$、……的采样数据，而不需要过去采样时刻 $k-1$、$k-2$、……的采样数据，则将这样的差分称为前向差分。

定义一阶前向差分为

$$\nabla y(k) = y(k+1) - y(k)$$

（7-7）

定义二阶前向差分为

$$\nabla^2 y(k) = \nabla y(k+1) - \nabla y(k) = y(k+2) - 2y(k+1) + y(k)$$

（7-8）

以此类推，定义 n 阶前向差分为

$$\nabla^n y(k) = \nabla^{n-1} y(k+1) - \nabla^{n-1} y(k)$$

（7-9）

7.3.2 差分方程的概念

设离散系统在 k 时刻的输入信号是 $r(k)$，输出信号是 $c(k)$，二者的关系可以采用 n 阶后向差分方程来描述

$$\begin{aligned}&c(k)+a_1c(k-1)+a_2c(k-2)+\cdots+a_nc(k-n)\\&=b_0r(k)+b_1r(k-1)+\cdots+b_mr(k-m),\quad m\leqslant n\end{aligned}\tag{7-10}$$

也可以采用 n 阶前向差分方程来描述

$$\begin{aligned}&c(k+n)+a_1c(k+n-1)+\cdots+a_{n-1}c(k+1)+a_nc(k)\\&=b_0r(k+m)+b_1r(k+m-1)+\cdots+b_{m-1}r(k+1)+b_mr(k),\quad m\leqslant n\end{aligned}\tag{7-11}$$

例 7-1 已知连续系统的方块图如图 7-4 所示，求该系统所对应的前向差分方程。

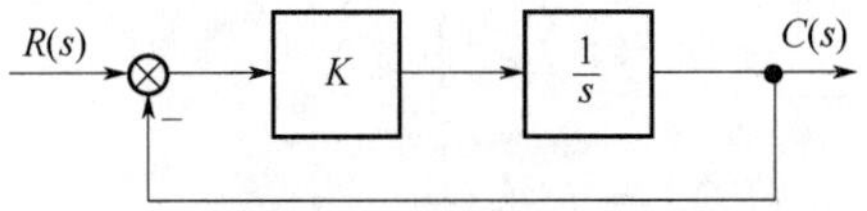

图 7-4 连续系统的方块图

解：该连续系统的闭环传递函数为

$$\Phi(s)=\frac{C(s)}{R(s)}=\frac{K}{s+K}$$

所对应的微分方程为

$$\frac{\mathrm{d}c(t)}{\mathrm{d}t}+Kc(t)=Kr(t)$$

在 $t=kT$ 时刻，将一阶微分用一阶前向差分来代替，即

$$\frac{\mathrm{d}c(t)}{\mathrm{d}t}=\lim_{T\to 0}\frac{c(k+1)-c(k)}{T}\approx\frac{c(k+1)-c(k)}{T}$$

代入微分方程，可得

$$\frac{c(k+1)-c(k)}{T}+Kc(k)=Kr(k)$$

所以系统的前向差分方程为

$$c(k+1)+(KT-1)c(k)=KTr(k)$$

7.3.3 差分方程的求解

（1）迭代法

如果已知离散系统的差分方程为式（7-10）或式（7-11），则可以得到差分方程输出信号的递推关系为

$$c(k)=-\sum_{i=1}^{n}a_ic(k-i)+\sum_{j=0}^{m}b_jr(k-j)\tag{7-12}$$

或

$$c(k+n)=-\sum_{i=1}^{n}a_ic(k+n-i)+\sum_{j=0}^{m}b_jr(k+m-j)\tag{7-13}$$

如果已知输出信号的初值，利用式（7-12）或式（7-13）的递推关系，可以逐步求出离散系统在给定输入信号作用下的输出信号。

例 7-2 已知差分方程为 $c(k)=r(k)+5c(k-1)-6c(k-2)$，输入序列 $r(k)=1$，初始条件为

$c(0) = 0$，$c(1) = 1$，试用迭代法求输出序列 $c(k)$。

解： 根据初始条件及递推关系，可得

$$c(0) = 0$$
$$c(1) = 1$$
$$c(2) = r(2) + 5c(1) - 6c(0) = 6$$
$$c(3) = r(3) + 5c(2) - 6c(1) = 25$$
$$c(4) = r(4) + 5c(3) - 6c(2) = 90$$
$$c(5) = r(5) + 5c(4) - 6c(3) = 301$$
$$c(6) = r(6) + 5c(5) - 6c(4) = 966$$
$$\vdots$$

以此类推，可以输出序列的结果。

（2）z 变换法

采用 z 变换求解差分方程，类似于采用拉普拉斯变换求解微分方程。采用 z 变换，可以将差分方程转换为以复数 z 为变量的代数方程。对此代数方程进行求解，再通过 z 反变换，就可以得到差分方程的解。

例 7-3 已知离散系统的差分方程为 $c(k+2) + 3c(k+1) + 2c(k) = 0$，且已知初始条件为 $c(0) = 0$，$c(1) = 1$，求该差分方程的解。

解： 对差分方程进行 z 变换，可得

$$z^2 C(z) - z^2 c(0) - zc(1) + 3zC(z) - 3zc(0) + 2C(z) = 0$$

代入初始条件 $c(0) = 0$，$c(1) = 1$，整理后可得

$$z^2 C(z) + 3zC(z) + 2C(z) = z$$

进而可得

$$C(z) = \frac{z}{z^2 + 3z + 2} = \frac{z}{(z+1)(z+2)} = \frac{z}{z+1} - \frac{z}{z+2}$$

对上式进行 z 反变换，可得差分方程的解为

$$c(k) = (-1)^k - (-2)^k, \quad k = 0, 1, 2, \cdots$$

7.4　离散系统的脉冲传递函数

在给定输入信号的作用下，差分方程的解描述了离散系统的时间响应特性，但是不便于研究系统参数变化对离散系统性能的影响。与连续系统的传递函数类似，离散系统的脉冲传递函数是研究离散系统性能的重要基础。

7.4.1　脉冲传递函数的概念

在零初始条件下，连续系统的传递函数被定义为输出连续信号的拉普拉斯变换与输入连续信号的拉普拉斯变化之比。与此类似，在零初始条件下，离散系统的脉冲传递函数被定义为输

出离散信号的 z 变换与输入离散信号的 z 变换之比。脉冲传递函数又被称为 z 传递函数,是离散系统的重要概念,是分析离散系统的重要工具。

设离散系统如图 7-5 所示,系统的输入信号为 $r(t)$,对应的采样信号 $r^*(t)$ 的 z 变换为 $R(z)$,系统连续部分的输出为 $c(t)$,对应的采样信号 $c^*(t)$ 的 z 变换函数为 $C(z)$ 。离散系统的脉冲传递函数为,在零初始条件下,输出采样信号的 z 变换 $C(z)$ 与输入采样信号的 z 变换 $R(z)$ 之比,即

$$G(z) = \frac{C(z)}{R(z)} = \frac{\sum_{n=0}^{\infty} c(nT)z^{-n}}{\sum_{n=0}^{\infty} r(nT)z^{-n}} \tag{7-14}$$

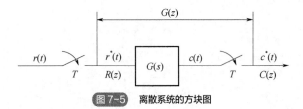

图 7-5　离散系统的方块图

7.4.2　脉冲传递函数的求取

(1) 已知离散系统的差分方程

已知离散系统的差分方程为

$$c(k+n) + a_1 c(k+n-1) + \cdots + a_{n-1} c(k+1) + a_n c(k)$$
$$= b_0 r(k+m) + b_1 r(k+m-1) + \cdots + b_{m-1} r(k+1) + b_m r(k), \quad m \leq n$$

在零初始条件下,即当 $k \leq n-1$ 时,有 $c(k) = 0$,且当 $k \leq m-1$ 时,有 $r(k) = 0$ 。对上式两边进行 z 变换,得

$$(z^n + a_1 z^{n-1} + \cdots a_{n-1} z + a_n) C(z) = (b_0 z^m + b_1 z^{m-1} + \cdots b_{m-1} z + b_m) R(z)$$

整理得离散系统的脉冲传递函数为

$$G(z) = \frac{C(z)}{R(z)} = \frac{b_0 z^m + b_1 z^{m-1} + \cdots + b_{m-1} z + b_m}{z^n + a_1 z^{n-1} + \cdots + a_{n-1} z + a_n} \tag{7-15}$$

定义离散系统的特征方程为

$$z^n + a_1 z^{n-1} + \cdots + a_{n-1} z + a_n = 0 \tag{7-16}$$

特征方程的根称为系统的极点。系统的极点数目表示系统的阶数。在式 (7-15) 中,分子多项式的根称为系统的零点。离散系统的脉冲传递函数只与离散系统的结构和参数有关。

例 7-4　如果离散系统的差分方程为 $c(k+2) - 0.7c(k+1) - 0.1c(k) = 5r(k+1) + r(k)$,试求其脉冲传递函数。

解:在零初始条件下,对差分方程两边进行 z 变换,可得

$$z^2 C(z) - 0.7z C(z) - 0.1 C(z) = 5z R(z) + R(z)$$

整理后可得脉冲传递函数为

$$G(z) = \frac{C(z)}{R(z)} = \frac{5z + 1}{z^2 - 0.7z - 0.1}$$

（2）已知连续系统的传递函数

已知连续系统的传递函数为 $G(s)$，采用拉普拉斯反变换可得连续系统的单位脉冲响应函数 $g(t)$，再对位脉冲响应函数进行采样，得到采样函数

$$g^*(t) = \sum_{k=0}^{\infty} g(kT)\delta(t-k)$$

接着对 $g^*(t)$ 进行 z 变换，得到脉冲传递函数 $G(z)$。

在一般情况下，根据拉普拉斯变换表和 z 变换表，可以直接从 $G(s)$ 得到 $G(z)$，而不必逐步推导。如果 $G(s)$ 的表达式比较复杂，可以将其展开为部分分式的形式，以便与拉普拉斯变换表和 z 变换表中的基本形式进行对应。

例 7-5　如果 $G(s) = \dfrac{a}{s(s+a)}$，求脉冲传递函数 $G(z)$。

解： 将传递函数展开为部分分式

$$G(s) = \frac{1}{s} - \frac{1}{s+a}$$

查表，可得脉冲传递函数为

$$G(z) = \frac{z}{z-1} - \frac{z}{z-e^{-at}} = \frac{z(1-e^{-at})}{(z-1)(z-e^{-at})}$$

7.5　离散系统的性能分析

在差分方程和脉冲传递函数的基础上，可以进一步分析离散系统的性能。与连续系统的情况类似，离散系统的动态性能、稳态误差和稳定性是离散系统性能分析的重要内容。

7.5.1　离散系统的动态性能分析

系统的动态特性主要是用系统在单位阶跃输入信号作用下的时间响应特性来描述，反映了系统的瞬态过程。分析离散系统的动态性能，一般需要先求取离散系统的单位阶跃响应序列，再按照动态性能指标的定义来确定具体的指标值。

设离散系统的闭环脉冲传递函数为 $\Phi(z) = \dfrac{C(z)}{R(z)}$，则单位阶跃响应的 z 变换为

$$C(z) = \frac{z}{z-1}\Phi(z) \tag{7-17}$$

通过 z 反变换，可以求出单位阶跃响应序列 $c^*(t)$。如果离散系统时域指标的定义与连续系统相同，那么根据单位阶跃响应序列 $c^*(t)$ 就可以方便地分析离散系统的动态性能。

离散系统的闭环脉冲传递函数的极点在 z 平面上的分布，决定了离散系统的动态响应的基本特性。设离散系统的闭环脉冲传递函数的一般形式为

$$\Phi(z) = \frac{M(z)}{D(z)} = \frac{b_0 z^m + b_1 z^{m-1} + \cdots + b_m}{a_0 z^n + a_1 z^{n-1} + \cdots + a_n} = \frac{b_0}{a_0} \times \frac{\prod\limits_{i=1}^{m}(z - z_i)}{\prod\limits_{k=1}^{n}(z - p_k)}, \qquad m \leqslant n \qquad (7\text{-}18)$$

式中，p_k 是 $\Phi(z)$ 的极点，$k = 1, 2, \cdots, n$；z_i 是 $\Phi(z)$ 的零点，$i = 1, 2, \cdots, m$。

（1）正实轴上的闭环单极点

闭环实数极点分布与相应动态响应形式的关系如图 7-6 所示。

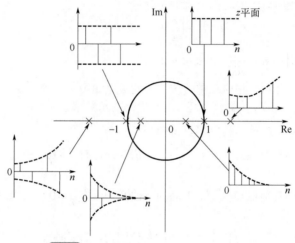

图 7-6　闭环实数极点分布与相应动态响应形式

设 p_k 为正实数，对应的时间响应瞬态分量为

$$c_k(nT) = c_k p_k^n, \qquad k = 1, 2, \cdots, n \qquad (7\text{-}19)$$

令 $a = \dfrac{1}{T} \ln p_k$，即 $p_k = \mathrm{e}^{aT}$，则可以将式（7-19）改写为

$$c_k(nT) = c_k \mathrm{e}^{anT}, \qquad k = 1, 2, \cdots, n \qquad (7\text{-}20)$$

如果 $p_k > 1$，即闭环单极点位于 z 平面的单位圆外的正实轴上，有 $a > 0$，所以动态响应 $c_k(nT)$ 是按指数规律发散的脉冲序列。

如果 $p_k = 1$，即闭环单极点位于右半 z 平面的单位圆周上，有 $a = 0$，所以动态响应 $c_k(nT) = c_k$，为等幅脉冲序列。

如果 $0 < p_k < 1$，闭环单极点位于 z 平面单位圆内的正实轴上，有 $a < 0$，所以动态响应 $c_k(nT)$ 是按指数规律衰减的脉冲序列，且闭环单极点 p_k 越接近原点，$|a|$ 的值越大，$c_k(nT)$ 衰减越快。

（2）负实轴上的闭环单极点

设 p_k 为负实数，当 n 为奇数时，p_k^n 为负，当 n 为偶数时，p_k^n 为正，所以负实数极点对应的动态响应 $c_k(nT)$ 是交替变号的双向脉冲序列，如图 7-6 所示。

如果 $|p_k| > 1$，闭环单极点位于 z 平面单位圆外的负实轴上，所以动态响应 $c_k(nT)$ 为交替变号的发散脉冲序列。

如果 $|p_k| = 1$，闭环单极点位于左半 z 平面的单位圆周上，所以动态响应 $c_k(nT)$ 为交替变号

的等幅脉冲序列。

如果 $|p_k| < 1$，闭环单极点位于 z 平面单位圆内的负实轴上，所以动态响应 $c_k(nT)$ 为交替变号的衰减脉冲序列，且闭环单极点 p_k 离原点越近，$c_k(nT)$ 衰减越快。

（3）z平面上的闭环共轭复数极点

设 p_k 和 $\overline{p}_k$ 为一对共轭复数极点，其表达式为

$$p_k = |p_k| \mathrm{e}^{\mathrm{j}\theta_k}, \quad \overline{p}_k = |p_k| \mathrm{e}^{-\mathrm{j}\theta_k}$$

式中，θ_k 为共轭复数极点的相角，从在平面实轴正方向开始，逆时针为正。

一对共轭复数极点所对应的时间响应瞬态分量为

$$c_{k,\overline{k}}(nT) = 2|c_k| \mathrm{e}^{anT} \cos(n\omega T + \phi_k) \tag{7-21}$$

式中，$a = \dfrac{1}{T}\ln|p_k|$，$\omega = \dfrac{\theta_k}{T}$，$0 < \theta_k < \pi$。

闭环共轭复数极点分布与相应动态响应形式的关系如图 7-7 所示。一对共轭复数极点对应的时间响应瞬态分量 $c_{k,\overline{k}}(nT)$ 按振荡规律变化，振荡的角频率为 ω。在 z 平面上，共轭复数极点的相角 θ_k 越大，$c_{k,\overline{k}}(nT)$ 振荡的角频率也就越高。

如果 $|p_k| > 1$，闭环复数极点位于 z 平面的单位圆外，有 $a > 0$，所以动态响应 $c_{k,\overline{k}}(nT)$ 为振荡发散脉冲序列。

如果 $|p_k| = 1$，闭环复数极点位于 z 平面的单位圆上，有 $a = 0$，所以动态响应 $c_{k,\overline{k}}(nT)$ 为等幅振荡脉冲序列。

如果 $|p_k| < 1$，闭环复数极点位于 z 平面的单位圆内，有 $a < 0$，所以动态响应 $c_{k,\overline{k}}(nT)$ 为振荡衰减脉冲序列，且 $|p_k|$ 越小，即复极点越靠近原点，振荡衰减越快。

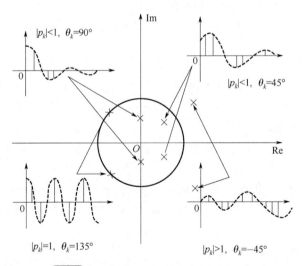

图 7-7 闭环复数极点分布与相应动态响应形式

综上所述，离散系统的动态特性与闭环极点的分布密切相关。当闭环实极点位于 z 平面的左半单位圆内时，由于输出衰减脉冲交替变号，所以动态过程质量很差。当闭环复极点位于左半单位圆内时，由于输出是衰减的高频脉冲，所以系统动态过程性能欠佳。因此，在离散系统设计时，应把闭环极点安置在 z 平面的右半单位圆内，且尽量靠近原点。

7.5.2　离散系统的稳态误差分析

在一定条件下，可以将连续系统的稳态误差分析方法推广到离散系统。与连续系统不同的是，离散系统的稳态误差只对采样点而言。

设单位反馈离散系统如图 7-8 所示，误差采样信号 $e^*(t)$ 的 z 变换为

$$E(z) = R(z) - C(z) = R(z) - G(z)E(z)$$

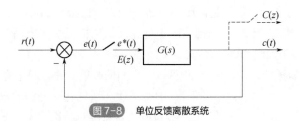

图 7-8　单位反馈离散系统

可得离散系统的误差脉冲传递函数为

$$\varPhi_e(z) = \frac{E(z)}{R(z)} = \frac{1}{1+G(z)}$$

进而可得离散系统的误差为

$$E(z) = \varPhi_e(z)R(z) = \frac{1}{1+G(z)}R(z)$$

如果 $\varPhi_e(z)$ 的极点全部位于 z 平面的单位圆内，即离散系统稳定，那么根据 z 变换的终值定理，可得采样时刻离散系统的稳态误差为

$$e(\infty) = \lim_{t \to \infty} e^*(t) = \lim_{z \to 1}(1-z^{-1})E(z) = \lim_{z \to 1}\frac{(z-1)R(z)}{z[1+G(z)]} \tag{7-22}$$

此式表明，在采样时刻，离散系统的稳态误差不仅与系统本身的结构和参数有关，而且与系统的输入信号有关。

例 7-6　设单位反馈离散系统如图 7-8 所示，已知系统的开环传递函数为 $G(s) = \dfrac{1}{s(s+1)}$，且已知采样周期为 $T = 1\text{s}$。如果输入信号 $r(t)$ 分别为 $1(t)$ 和 t，试求离散系统的稳态误差。

解：已知采样周期 $T = 1\text{s}$，则开环传递函数 $G(s)$ 所对应的 z 变换为

$$G(z) = Z[G(s)] = \frac{z(1-\text{e}^{-1})}{(z-1)(z-\text{e}^{-1})}$$

可得离散系统的误差脉冲传递函数为

$$\varPhi_e(z) = \frac{1}{1+G(z)} = \frac{(z-1)(z-0.368)}{z^2 - 0.736z + 0.368}$$

可得一对共轭复数极点为 $z_1 = 0.368 + \text{j}0.482$，$z_2 = 0.368 - \text{j}0.482$，而且全部位于 z 平面的单位圆内，于是可以根据 z 变换的终值定理计算稳态误差。

当 $r(t) = 1(t)$ 时，相应的采样信号为 $r(nT) = 1(nT)$，且 $R(z) = \dfrac{z}{z-1}$，由式（7-22）可得稳态误差为 $e(\infty) = \lim\limits_{z \to 1}\dfrac{(z-1)(z-0.368)}{z^2 - 0.736z + 0.368} = 0$

当 $r(t) = t$ 时，相应的采样信号为 $r(nT) = nT$ ，且 $R(z) = \dfrac{Tz}{(z-1)^2}$ ，由式（7-22）可得稳态误差 $e(\infty) = \lim\limits_{z \to 1} \dfrac{T(z - 0.368)}{z^2 - 0.736z + 0.368} = T = 1\text{s}$ 。

7.5.3　离散系统的稳定性分析

连续系统稳定的充分必要条件是，闭环系统特征方程的根全部位于 s 平面的左半平面。只要有特征根不在 s 平面的左半平面，则系统不稳定。如果特征根在虚轴上，则系统处于临界稳定状态。临界稳定状态属于不稳定的范畴。

与此类似，根据如图 7-9 所示的 s 平面与 z 平面的映射关系，离散系统稳定的充分必要条件是，闭环系统特征方程的根全部位于 z 平面的单位圆内。只要有特征根不在 z 平面的单位圆内，则系统不稳定。如果特征根在单位圆上，则系统处于临界稳定状态。

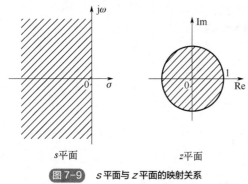

图 7-9　s 平面与 z 平面的映射关系

离散系统特征方程的根就是闭环脉冲传递函数的极点。离散系统稳定的充分必要条件也可以表述为，离散系统闭环脉冲传递函数的全部极点均位于 z 平面上以原点为圆心的单位圆内，或者全部特征根的模小于 1。

例 7-7　已知离散系统的方块图如图 7-10 所示，试分析系统的稳定性。已知前向通道的传递函数为 $G(s) = \dfrac{1}{s(s+1)}$ ，反馈通道的传递函数为 $H(s) = 1$ ，且采样周期 $T = 1\text{s}$ 。

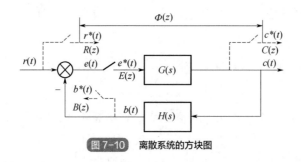

图 7-10　离散系统的方块图

解：已知采样周期 $T = 1\text{s}$ ，可得开环脉冲传递函数为

$$G(z) = \frac{z(1 - \mathrm{e}^{-1})}{(z-1)(z - \mathrm{e}^{-1})}$$

进而可得离散系统的闭环特征方程为

$$D(z) = 1 + G(z)H(z) = 0$$

代入已知条件，可得特征方程

$$z^2 - 0.736z + 0.368 = 0$$

进而可以解得一对共轭复数极点为 $z_1 = 0.368 + \mathrm{j}0.482$ ， $z_2 = 0.368 - \mathrm{j}0.482$ ，而且全部位于 z 平面的单位圆内，所以该离散系统稳定。

7.6　计算机控制系统的程序设计

在计算机控制系统中，各种控制算法都由计算机软件来实现。本节介绍计算机控制系统的程序设计，主要包括控制系统典型环节和数字 PID 控制器的程序设计方法。

7.6.1　控制系统典型环节的程序设计

控制系统一般由若干元件以一定的形式连接而成，这些元件的物理结构和工作原理可以是多种多样的。但是从控制理论来看，物理本质和工作原理不同的元件，可以有完全相同的数学模型，即具有相同的动态特性。在控制工程中，常常将具有某种确定信息传递关系的元件、元件组或元件的一部分称为一个环节，经常遇到的环节则称为典型环节。这样，任何复杂的系统都可以归结为由一些典型的环节组成，从而为建立系统模型和研究系统特性带来方便，使问题简化。

在一般情况下，线性控制系统都可以由比例环节、积分环节、微分环节、一阶惯性环节、二阶振荡环节、一阶微分环节、二阶微分环节和延迟环节等 8 个典型环节组成。下面分别介绍这些典型环节所对应的微分方程的数值解，即介绍其时间响应的离散算法，分别给出这些典型环节的时间响应离散算法的迭代公式，采用工业自动化编程标准 IEC61131-3 支持的 ST 语言在功能块中实现。

（1）比例环节

比例环节的传递函数为

$$G(s) = \frac{C(s)}{R(s)} = K$$

所对应的微分方程为

$$c(t) = Kr(t)$$

以采样周期 T_s 进行采样，得离散化后的差分方程为

$$c(n) = Kr(n)$$

比例环节功能块如图 7-11 所示，其变量声明和程序代码如下所示。

```
FUNCTION_BLOCK ProportionalBlock
VAR_INPUT
    IN: REAL;(*输入值*)
    TS: REAL;(*采样周期，秒*)
    K: REAL;(*比例环节的比例常数，无量纲*)
END_VAR
VAR_OUTPUT
    OUT: REAL;(*输出值*)
END_VAR
VAR
    TimePeriod: TP;(*定时器*)
    RisingTrigger: R_TRIG;(*触发器*)
END_VAR
(*采样周期的判断*)
```

图 7-11　比例环节功能块

```
IF NOT(TS>0) THEN(*采样周期必须大于 0,否则将其置为 1 秒*)
    TS:=1;
END_IF
(*采样周期的生成*)
TimePeriod(IN:=NOT(TimePeriod.Q),PT:=REAL_TO_TIME(TS*1000));(*调用定时器*)
RisingTrigger(CLK:=TimePeriod.Q);(*调用触发器*)
(*比例环节的时间响应*)
IF RisingTrigger.Q THEN(*在采样时刻进行迭代计算*)
    OUT:=K*IN;(*比例环节的迭代公式*)
END_IF
```

（2）积分环节

积分环节的传递函数为

$$G(s) = \frac{C(s)}{R(s)} = \frac{1}{s}$$

所对应的微分方程为

$$\frac{\mathrm{d}c(t)}{\mathrm{d}t} = r(t)$$

以采样周期 T_s 进行采样,得离散化后的差分方程为

$$c(n) - c(n-1) = T_s r(n)$$

积分环节功能块如图 7-12 所示,其变量声明和程序代码如下所示。

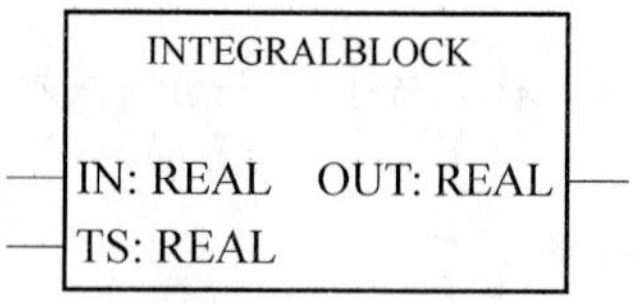

```
FUNCTION_BLOCK IntegralBlock
VAR_INPUT
    IN: REAL;(*输入值*)
    TS: REAL;(*采样周期,秒*)
END_VAR
VAR_OUTPUT
    OUT: REAL;(*输出值*)
END_VAR
VAR
    TimePeriod: TP;(*定时器*)
    RisingTrigger: R_TRIG;(*触发器*)
    OUT1: REAL;(*前一个采样周期的输出值*)
END_VAR
(*采样周期的判断*)
IF NOT(TS>0) THEN(*采样周期必须大于 0,否则将其置为 1 秒*)
    TS:=1;
END_IF
(*采样周期的生成*)
TimePeriod(IN:=NOT(TimePeriod.Q),PT:=REAL_TO_TIME(TS*1000));(*调用定时器*)
RisingTrigger(CLK:=TimePeriod.Q);(*调用触发器*)
(*积分环节的时间响应*)
IF RisingTrigger.Q THEN(*在采样时刻进行迭代计算*)
    OUT:=OUT1+IN*TS;(*积分环节的迭代公式*)
    OUT1:=OUT;(*输出值替换*)
END_IF
```

```
┌─────────────────────────┐
│      INTEGRALBLOCK      │
│                         │
─┤IN: REAL   OUT: REAL├─
─┤TS: REAL              │
└─────────────────────────┘
```

图 7-12 积分环节功能块

（3）微分环节

微分环节的传递函数为

$$G(s) = \frac{C(s)}{R(s)} = s$$

所对应的微分方程为

$$c(t) = \frac{\mathrm{d}r(t)}{\mathrm{d}t}$$

以采样周期 T_s 进行采样，得离散化后的差分方程为

$$T_s c(n) = r(n) - r(n-1)$$

微分环节功能块如图 7-13 所示，其变量声明和程序代码如下所示。

图 7-13　微分环节功能块

```
FUNCTION_BLOCK DifferentialBlock
VAR_INPUT
   IN: REAL;(*输入值*)
   TS: REAL;(*采样周期，秒*)
END_VAR
VAR_OUTPUT
   OUT: REAL;(*输出值*)
END_VAR
VAR
   TimePeriod: TP;(*定时器*)
   RisingTrigger: R_TRIG;(*触发器*)
   IN1: REAL;(*前一个采样周期的输入值*)
END_VAR
(*采样周期的判断*)
IF NOT(TS>0) THEN(*采样周期必须大于 0，否则将其置为 1 秒*)
   TS:=1;
END_IF
(*采样周期的生成*)
TimePeriod(IN:=NOT(TimePeriod.Q),PT:=REAL_TO_TIME(TS*1000));(*调用定时器*)
RisingTrigger(CLK:=TimePeriod.Q);(*调用触发器*)
(*微分环节的时间响应*)
IF RisingTrigger.Q THEN(*在采样时刻进行迭代计算*)
   OUT:=(IN-IN1)/TS;(*微分环节的迭代公式*)
   IN1:=IN;(*输入值替换*)
END_IF
```

（4）一阶惯性环节

一阶惯性环节的传递函数为

$$G(s) = \frac{C(s)}{R(s)} = \frac{1}{Ts+1}$$

所对应的微分方程为

$$T\frac{\mathrm{d}c(t)}{\mathrm{d}t} + c(t) = r(t)$$

以采样周期 T_s 进行采样，得离散化后的差分方程为

$$(T + T_s)c(n) - Tc(n-1) = T_s r(n)$$

一阶惯性环节功能块如图 7-14 所示，其变量声明和程序代码如下所示。

```
FUNCTION_BLOCK FirstOrderLagBlock
VAR_INPUT
    IN: REAL;(*输入值*)
    TS: REAL;(*采样周期，秒*)
    T: REAL;(*一阶惯性环节的时间常数，秒*)
END_VAR
VAR_OUTPUT
    OUT: REAL;(*输出值*)
END_VAR
VAR
    TimePeriod: TP;(*定时器*)
    RisingTrigger: R_TRIG;(*触发器*)
    OUT1: REAL;(*前一个采样周期的输出值*)
END_VAR
(*采样周期的判断*)
IF NOT(TS>0) THEN(*采样周期必须大于 0，否则将其置为 1 秒*)
    TS:=1;
END_IF
(*采样周期的生成*)
TimePeriod(IN:=NOT(TimePeriod.Q),PT:=REAL_TO_TIME(TS*1000));(*调用定时器*)
RisingTrigger(CLK:=TimePeriod.Q);(*调用触发器*)
(*一阶惯性环节的时间响应*)
IF RisingTrigger.Q THEN(*在采样时刻进行迭代计算*)
    OUT:=(TS*IN+T*OUT1)/(T+TS);(*一阶惯性环节的迭代公式*)
    OUT1:=OUT;(*输出值替换*)
END_IF
```

FIRSTORDERLAGBLOCK	
IN: REAL	OUT: REAL
TS: REAL	
T: REAL	

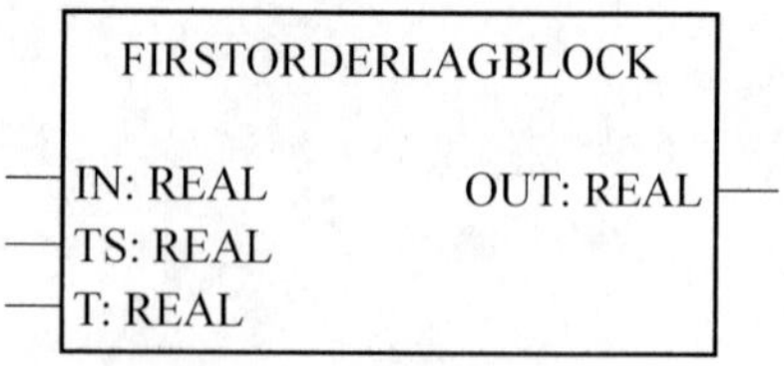

图 7-14 一阶惯性环节功能块

（5）二阶振荡环节

二阶振荡环节的传递函数为

$$G(s) = \frac{1}{T^2 s^2 + 2\zeta Ts + 1}$$

所对应的微分方程为

$$T^2 \frac{\mathrm{d}^2 c(t)}{\mathrm{d}t^2} + 2\zeta T \frac{\mathrm{d}c(t)}{\mathrm{d}t} + c(t) = r(t)$$

以采样周期 T_s 进行采样，得离散化后的差分方程为

$$(T^2 + 2\zeta TT_s + T_s^2)c(n) - 2T(T + \zeta T_s)c(n-1) + T^2 c(n-2) = T_s^2 r(n)$$

二阶振荡环节功能块如图 7-15 所示，其变量声明和程序代码如下所示。

```
FUNCTION_BLOCK SecondOrderLagBlock
VAR_INPUT
    IN: REAL;(*输入值*)
    TS: REAL;(*采样周期，秒*)
    T: REAL;(*二阶振荡环节的时间常数，秒*)
    Zeta: REAL;(*二阶振荡环节的阻尼比*)
END_VAR
```

SECONDORDERLAGBLOCK	
IN: REAL	OUT: REAL
TS: REAL	
T: REAL	
Zeta: REAL	

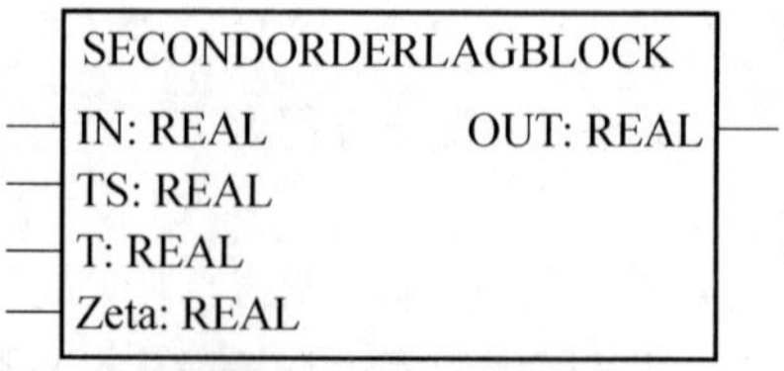

图 7-15 二阶振荡环节功能块

```
VAR_OUTPUT
    OUT: REAL;(*输出值*)
END_VAR
VAR
    TimePeriod: TP;(*定时器*)
    RisingTrigger: R_TRIG;(*触发器*)
    OUT1: REAL;(*前一个采样周期的输出值*)
    OUT2: REAL;(*前两个采样周期的输出值*)
END_VAR
(*采样周期的判断*)
IF NOT(TS>0) THEN(*采样周期必须大于 0，否则将其置为 1 秒*)
    TS:=1;
END_IF
(*采样周期的生成*)
TimePeriod(IN:=NOT(TimePeriod.Q),PT:=REAL_TO_TIME(TS*1000));(*调用定时器*)
RisingTrigger(CLK:=TimePeriod.Q);(*调用触发器*)
(*二阶振荡环节的时间响应*)
IF RisingTrigger.Q THEN(*在采样时刻进行迭代计算*)
    OUT:=(TS*TS*IN+2*T*(T+Zeta*TS)*OUT1-T*T*OUT2)/(T*T+2*Zeta*T*TS+TS*TS);(*二阶振荡
环节的迭代公式*)
    OUT2:=OUT1;(*输出值替换*)
    OUT1:=OUT;(*输出值替换*)
END_IF
```

（6）一阶微分环节

一阶微分环节的传递函数为

$$G(s) = \frac{C(s)}{R(s)} = \tau s + 1$$

所对应的微分方程为

$$c(t) = \tau \frac{\mathrm{d}r(t)}{\mathrm{d}t} + r(t)$$

以采样周期 T_s 进行采样，得离散化后的差分方程为

$$T_s c(n) = (\tau + T_s)r(n) - \tau r(n-1)$$

一阶微分环节功能块如图 7-16 所示，其变量声明和程序代码如下所示。

```
FUNCTION_BLOCK FirstOrderLeadBlock
VAR_INPUT
    IN: REAL;(*输入值*)
    TS: REAL;(*采样周期，秒*)
    T: REAL;(*一阶微分环节的时间常数，秒*)
END_VAR
VAR_OUTPUT
    OUT: REAL;(*输出值*)
END_VAR
VAR
    TimePeriod: TP;(*定时器*)
    RisingTrigger: R_TRIG;(*触发器*)
    IN1: REAL;(*前一个采样周期的输入值*)
```

图 7-16　一阶微分环节功能块

```
END_VAR
(*采样周期的判断*)
IF NOT(TS>0) THEN(*采样周期必须大于 0，否则将其置为 1 秒*)
    TS:=1;
END_IF
(*采样周期的生成*)
TimePeriod(IN:=NOT(TimePeriod.Q),PT:=REAL_TO_TIME(TS*1000));(*调用定时器*)
RisingTrigger(CLK:=TimePeriod.Q);(*调用触发器*)
(*一阶微分环节的时间响应*)
IF RisingTrigger.Q THEN(*在采样时刻进行迭代计算*)
    OUT:=(IN-IN1)*T/TS+IN;(*一阶微分环节的迭代公式*)
    IN1:=IN;(*输入值替换*)
END_IF
```

（7）二阶微分环节

二阶微分环节的传递函数为

$$G(s) = \frac{C(s)}{R(s)} = \tau^2 s^2 + 2\zeta\tau s + 1$$

所对应的微分方程为

$$c(t) = \tau^2 \frac{\mathrm{d}^2 r(t)}{\mathrm{d}t^2} + 2\zeta\tau \frac{\mathrm{d}r(t)}{\mathrm{d}t} + r(t)$$

以采样周期 T_s 进行采样，得离散化后的差分方程为

$$T_s^2 c(n) = (\tau^2 + 2\zeta\tau T_s + T_s^2)r(n) - 2\tau(\tau + \zeta T_s)r(n-1) + \tau^2 r(n-2)$$

二阶微分环节功能块如图 7-17 所示，其变量声明和程序代码如下所示。

```
FUNCTION_BLOCK SecondOrderLeadBlock
VAR_INPUT
    IN: REAL;(*输入值*)
    TS: REAL;(*采样周期，秒*)
    T: REAL;(*二阶微分环节的时间常数，秒*)
    Zeta: REAL;(*二阶微分环节的阻尼比*)
END_VAR
VAR_OUTPUT
    OUT: REAL;(*输出值*)
END_VAR
VAR
    TimePeriod: TP;(*定时器*)
    RisingTrigger: R_TRIG;(*触发器*)
    IN1: REAL;(*前一个采样周期的输入值*)
    IN2: REAL;(*前两个采样周期的输入值*)
END_VAR
(*采样周期的判断*)
IF NOT(TS>0) THEN(*采样周期必须大于 0，否则将其置为 1 秒*)
    TS:=1;
END_IF
(*采样周期的生成*)
TimePeriod(IN:=NOT(TimePeriod.Q),PT:=REAL_TO_TIME(TS*1000));(*调用定时器*)
RisingTrigger(CLK:=TimePeriod.Q);(*调用触发器*)
```

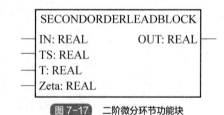

图 7-17　二阶微分环节功能块

```
(*二阶微分环节的时间响应*)
IF RisingTrigger.Q THEN(*在采样时刻进行迭代计算*)
    OUT:=(IN-2*IN1+IN2)*T*T/TS/TS+(IN-IN1)*2*Zeta*T/TS+IN;(*二阶微分环节的迭代公式*)
    IN2:=IN1;(*输入值替换*)
    IN1:=IN;(*输入值替换*)
END_IF
```

（8）延迟环节

延迟环节的传递函数为

$$G(s) = \frac{C(s)}{R(s)} = \mathrm{e}^{-t_0 s}$$

所对应的微分方程为

$$c(t) = r(t - t_0)$$

以采样周期 T_s 进行采样，得离散化后的差分方程为

$$c(n) = r(n - n_0)$$

延迟环节功能块如图 7-18 所示，其变量声明和程序代码如下所示。

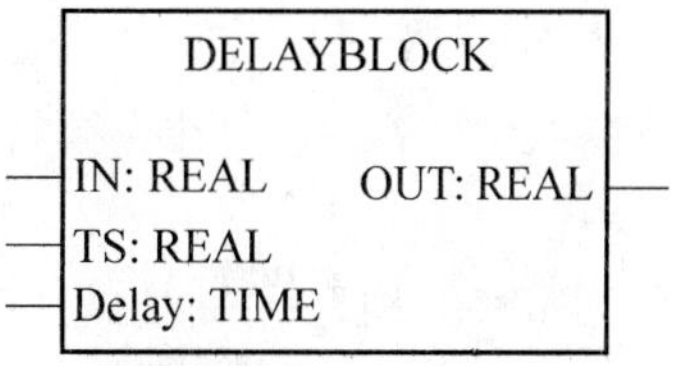

```
FUNCTION_BLOCK DelayBlock
VAR_INPUT
    IN: REAL;(*输入值*)
    TS: REAL;(*采样周期，秒*)
    Delay: TIME;(*延迟的时间，秒*)
END_VAR
VAR_OUTPUT
    OUT: REAL;(*输出值*)
END_VAR
VAR
    TimePeriod: TP;(*定时器*)
    RisingTrigger: R_TRIG;(*触发器*)
    TONDelay: TON;(*定时器*)
END_VAR
(*采样周期的判断*)
IF NOT(TS>0) THEN(*采样周期必须大于 0，否则将其置为 1 秒*)
    TS:=1;
END_IF
(*采样周期的生成*)
TimePeriod(IN:=NOT(TimePeriod.Q),PT:=REAL_TO_TIME(TS*1000));(*调用定时器*)
RisingTrigger(CLK:=TimePeriod.Q);(*调用触发器*)
(*延迟环节的时间响应*)
IF RisingTrigger.Q THEN(*在采样时刻进行迭代计算*)
    TONDelay(IN := TRUE, PT := Delay);(*调用定时器*)
    IF TONDelay.Q THEN(*如果到达延迟的时间，则开始输出*)
        OUT := IN;
    END_IF
END_IF
```

```
        DELAYBLOCK
— IN: REAL      OUT: REAL —
— TS: REAL
— Delay: TIME
```

图 7-18　延迟环节功能块

7.6.2　数字 PID 控制器的程序设计

PID 控制是控制工程中技术成熟且应用广泛的一种控制策略。经过长期的工程实践，已经形成了一套完整的 PID 控制方法和典型结构，不仅适用于数学模型已知的控制系统，而且也可以应用于数学模型难以确定的工业过程。PID 控制参数整定方便，结构改变灵活，在众多工业过程控制中取得了满意的应用效果。

在闭环负反馈控制系统中，系统的偏差信号 $e(t)$ 是系统进行控制的最基本的原始信号。为了提高控制系统的性能指标，可以对偏差信号 $e(t)$ 进行改造，使其按照某种函数关系进行变化，形成所需要的控制规律 $u(t)$，从而使控制系统达到所要求的性能指标，即

$$u(t) = f[e(t)]$$

所谓 PID 控制，就是对偏差信号 $e(t)$ 进行"比例加积分加微分"形式的改造，形成新的控制规律 $u(t)$，即

$$
\begin{aligned}
u(t) &= K_\mathrm{p}\left[e(t) + \frac{1}{T_\mathrm{i}}\int_0^t e(t)\mathrm{d}\tau + T_\mathrm{d}\frac{\mathrm{d}e(t)}{\mathrm{d}t} \right] \\
&= K_\mathrm{p}e(t) + \frac{K_\mathrm{p}}{T_\mathrm{i}}\int_0^t e(t)\mathrm{d}\tau + K_\mathrm{p}T_\mathrm{d}\frac{\mathrm{d}e(t)}{\mathrm{d}t}
\end{aligned}
$$

（7-23）

式中，$K_\mathrm{p}e(t)$ 是比例控制部分，K_p 为比例常数；$\dfrac{K_\mathrm{p}}{T_\mathrm{i}}\displaystyle\int_0^t e(\tau)\mathrm{d}\tau$ 是积分控制部分，T_i 为积分时间常数；$K_\mathrm{p}T_\mathrm{d}\dfrac{\mathrm{d}e(t)}{\mathrm{d}t}$ 是微分控制部分，T_d 为微分时间常数。

在零初始条件下，将式（7-23）两边取拉普拉斯变换，可得

$$U(s) = K_\mathrm{p}E(s) + \frac{K_\mathrm{p}}{T_\mathrm{i}s}E(s) + K_\mathrm{p}T_\mathrm{d}sE(s)$$

基于 PID 控制的闭环负反馈控制系统的传递函数方块图如图 7-19 所示。

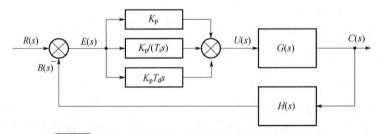

图 7-19　基于 PID 控制的闭环负反馈控制系统的传递函数方块图

（1）数字 PID 控制器的位置式算法

设采样周期为 T，将前述 PID 控制规律 $u(t)$ 进行离散化处理，可得 PID 控制的第 k 个采样周期的位置式离散算法 $u(k)$ 为

$$
\begin{aligned}
u(k) &= K_\mathrm{p}e(k) + \frac{K_\mathrm{p}T}{T_\mathrm{i}}\sum_{j=0}^{k}e(j) + \frac{K_\mathrm{p}T_\mathrm{d}}{T}[e(k) - e(k-1)] \\
&= K_\mathrm{p}e(k) + K_\mathrm{i}\sum_{j=0}^{k}e(j) + K_\mathrm{d}[e(k) - e(k-1)]
\end{aligned}
$$

（7-24）

式（7-24）与式（7-23）相比，比例控制部分 $K_\mathrm{p}e(t)$ 离散化为 $K_\mathrm{p}e(k)$；积分控制部分 $\dfrac{K_\mathrm{p}}{T_\mathrm{i}}\displaystyle\int_0^t e(\tau)\mathrm{d}\tau$ 离散化为 $\dfrac{K_\mathrm{p}T}{T_\mathrm{i}}\displaystyle\sum_{j=0}^k e(j)$，令 $K_\mathrm{i}=\dfrac{K_\mathrm{p}T}{T_\mathrm{i}}$，称为积分控制部分的加权系数；微分控制部分 $K_\mathrm{p}T_\mathrm{d}\dfrac{\mathrm{d}e(t)}{\mathrm{d}t}$ 离散化为 $\dfrac{K_\mathrm{p}T_\mathrm{d}}{T}[e(k)-e(k-1)]$，令 $K_\mathrm{d}=\dfrac{K_\mathrm{p}T_\mathrm{d}}{T}$，称为微分控制部分的加权系数。

（2）数字 PID 控制器的增量式算法

根据 PID 控制的位置式离散算法，可得 PID 控制的第 $k-1$ 个采样周期的位置式输出 $u(k-1)$ 为

$$u(k-1)=K_\mathrm{p}e(k-1)+K_\mathrm{i}\sum_{j=0}^{k-1}e(j)+K_\mathrm{d}[e(k-1)-e(k-2)] \tag{7-25}$$

将式（7-24）和式（7-25）中 $u(k)$ 与 $u(k-1)$ 相减，可得 PID 控制的第 k 个采样周期的增量式离散算法 $\Delta u(k)=u(k)-u(k-1)$ 为

$$\Delta u(k)=K_\mathrm{p}[e(k)-e(k-1)]+K_\mathrm{i}e(k)+K_\mathrm{d}[e(k)-2e(k-1)+e(k-2)]$$

于是可得 PID 控制的第 k 个采样周期的位置式输出 $u(k)$ 为

$$u(k)=u(k-1)+\Delta u(k)$$

（3）数字 PID 控制器的程序设计

数字 PID 控制器的功能块如图 7-20 所示。在该功能块中，采用 ST 语言实现了 PID 控制的基本离散算法，其变量声明和程序代码如下所示，可以同时提供位置式输出和增量式输出。

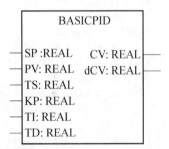

图 7-20　PID 控制的基本离散算法功能块

```
FUNCTION_BLOCK BasicPID
VAR_INPUT
    SP: REAL; (* Setpoint/设定点 *)
    PV: REAL; (* Process Variable/过程值，或称 Input/
输入值，或称 Feedback/反馈值 *)
    TS: REAL := 1; (* Sample Time/采样间隔，或称 Loop Update Time/计算周期，秒 *)
    KP: REAL := 1; (* ISA Dependent Gains/ISA 相关增益，无量纲 *)
    TI: REAL := 1; (* Integral Time/积分时间常数>0，秒 *)
    TD: REAL := 0; (* Differential Time/微分时间常数>=0，秒 *)
END_VAR
VAR_OUTPUT
    CV: REAL; (* Control Variable from the Current Sampling Step/当前采样周期的位置式
输出值 *)
    dCV: REAL; (* Delta CV or CV Change from the Current Sampling Step/当前采样周期的
增量式输出值 *)
END_VAR
VAR
    TimePeriod: TP; (* 定时器 *)
    RisingTrigger: R_TRIG; (* 触发器 *)
    ki: REAL; (* Integral Gain/积分增益系数 *)
```

```
    kd: REAL; (* Differential Gain/微分增益系数 *)
    ev0: REAL; (* Error Variable or System Deviation from the Current Sampling Step/
当前采样周期的偏差值 ev(k)=SP(k)-PV(k) *)
    ev1: REAL; (* Error Variable or System Deviation from the Previous Sampling
Step/前一个采样周期的偏差值 ev(k-1)=SP(k-1)-PV(k-1) *)
    ev2: REAL; (* Error Variable or System Deviation from the Previous before
Previous Sampling Step/前两个采样周期的偏差值 ev(k-2)=SP(k-2)-PV(k-2) *)
    cv1: REAL; (* Control Variable from the Previous Sampling Step/前一个采样周期的位
置式输出值 *)
  END_VAR
  (*参数的判断与计算*)
  IF NOT(TS>0) THEN(*采样周期必须大于 0，否则将其置为 1 秒*)
      TS:=1;
  END_IF
  IF NOT(TI>0) THEN(*积分时间常数必须大于 0，否则将其置为 0，表示没有积分环节，但是应当避免被 0 除*)
      TI:=0;(*如果积分时间常数为负或为 0，则将其置为 0，表示没有积分环节*)
      ki:=0;(*此时将积分增益系数置为 0，表示没有积分环节*)
  ELSE
      ki:=KP/TI*TS;(*计算积分增益系数，无量纲/秒*秒=无量纲，即离散化后此系数无量纲*)
  END_IF
  IF TD<0 THEN(*可以没有微积分环节，但是微分时间常数不能为负*)
      TD:=0;(*如果微分时间常数为负，则将其置为 0，表示没有微分环节*)
      kd:=0;(*此时将微分增益系数置为 0，表示没有微分环节*)
  ELSE
      kd:=KP*TD/TS;(*计算微分增益系数，无量纲*秒/秒=无量纲，即离散化后此系数无量纲*)
  END_IF
  (*采样周期的生成*)
  TimePeriod(IN:=NOT(TimePeriod.Q),PT:=REAL_TO_TIME(TS*1000));(*调用定时器*)
  RisingTrigger(CLK:=TimePeriod.Q);(*调用触发器*)
  (*PID 算法的迭代过程*)
  IF RisingTrigger.Q THEN(*在采样时刻进行迭代计算*)
      ev0:=SP-PV;(*计算偏差值*)
      dCV:=KP*(ev0-ev1)+ki*ev0+kd*(ev0-2*ev1+ev2);(*当前采样周期的增量式输出值的迭代公式*)
      CV:=cv1+dCV;(*当前采样周期的位置式输出值的迭代公式*)
      ev2:=ev1;(*偏差值迭代*)
      ev1:=ev0;(*偏差值迭代*)
      cv1:=CV;(*位置式输出值迭代*)
  END_IF
```

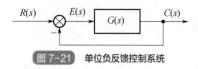

图7-21 单位负反馈控制系统

例 7-8 已知单位反馈控制系统如图 7-21 所示，其开环传递函数为 $G(s) = \dfrac{5}{5s^2 + s}$。试编程计算其单位阶跃响应。

解：首先将该系统的开环传递函数分解为典型环节的组合：

$$G(s) = \frac{5}{5s^2 + s} = 5 \times \frac{1}{s} \times \frac{1}{5s+1}$$

因此，该系统的开环传递函数由比例环节 $G_1(s) = 5$、积分环节 $G_2(s) = \dfrac{1}{s}$ 和一阶惯性环

$G_3(s) = \dfrac{1}{5s+1}$ 的串联所组成，其结构分解图如图 7-22 所示，在编程时可以分别调用上述典型环节所对应的功能块。

图 7-22　单位负反馈控制系统的结构分解图

采用 LD 语言计算该系统的单位阶跃响应，变量声明如下：

```
PROGRAM PLC_PRG
VAR
    Ts1: REAL := 0.1; (* 采样时间，秒 *)
    SP1: REAL := 1; (* 设定值 *)
    PV1: REAL; (* 过程值 *)
    ProportionalBlock1: ProportionalBlock; (* 比例环节 *)
    ProportionalBlock1OUT: REAL; (* 比例环节的输出 *)
    IntegralBlock1: IntegralBlock; (* 积分环节 *)
    IntegralBlock1OUT: REAL; (* 积分环节的输出 *)
    FirstOrderLagBlock1: FirstOrderLagBlock; (* 一阶惯性环节 *)
    FirstOrderLagBlock1OUT: REAL; (* 一阶惯性环节的输出 *)
END_VAR
```

图 7-23 为采用 LD 计算单位阶跃响应界面，计算后的单位阶跃响应曲线如图 7-24 所示。

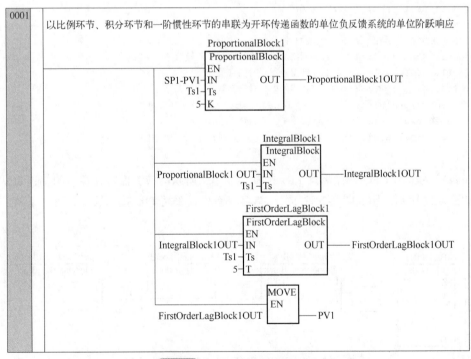

图 7-23　采用 LD 计算单位阶跃响应

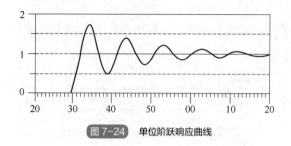

图 7-24　单位阶跃响应曲线

例 7-9　带有数字 PID 控制器的单位反馈控制系统如图 7-25 所示，已知被控对象的传递函数为 $G(s) = \dfrac{5}{5s^2 + s}$。试编程计算其单位阶跃响应。

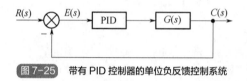

图 7-25　带有 PID 控制器的单位负反馈控制系统

解： 本例与例 7-8 所述的系统基本相同，不同之处是增加了数字 PID 控制器。采用 CFC 语言计算该系统的单位阶跃响应，变量声明如下：

```
PROGRAM PLC_PRG
VAR
    Ts1: REAL := 0.1; (* 采样时间, 秒 *)
    SP1: REAL := 1; (* 设定值 *)
    PV1: REAL; (* 过程值 *)
    BasicPID1: BasicPID; (* PID控制器 *)
    KP1: REAL := 2; (* PID控制器的相关增益常数, 无量纲 *)
    TI1: REAL := 3; (* PID控制器的积分时间常数, 秒 *)
    TD1: REAL := 1; (* PID控制器的微分时间常数, 秒 *)
    ProportionalBlock1: ProportionalBlock; (* 比例环节 *)
    IntegralBlock1: IntegralBlock; (* 积分环节 *)
    FirstOrderLagBlock1: FirstOrderLagBlock; (* 一阶惯性环节 *)
END_VAR
```

图 7-26 为采用 CFC 计算带有 PID 控制器的单位阶跃响应界面，计算后的单位阶跃响应曲线如图 7-27 所示。比较图 7-24 和图 7-27 可以看出，采用 PID 控制后，改善了系统的综合性能。

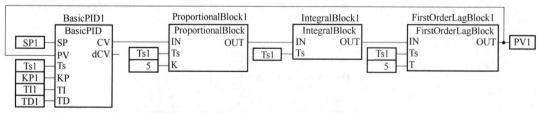

图 7-26　采用 CFC 计算带有 PID 控制器的单位阶跃响应

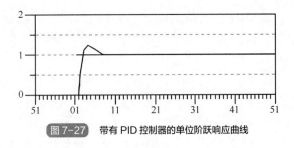

图 7-27　带有 PID 控制器的单位阶跃响应曲线

本章小结

（1）计算机控制技术就是离散控制技术、数字控制技术或采样控制技术。在计算机控制系统中，同时存在模拟信号和数字信号等多种信号。

（2）模拟信号通过采样、量化和编码处理转换为数字信号。数字信号通过保持功能恢复或转换为模拟信号。

（3）在设计离散系统时，为了从采样信号中不失真地恢复原始的连续信号，必须严格遵守信号的采样定理。

（4）离散系统的时域数学模型采用差分方程来描述，可以用于计算机编程，实现递推计算求解。

（5）离散系统的复数域数学模型采用脉冲传递函数来描述，便于研究离散系统的结构和参数与性能之间的关系。

（6）差分方程与脉冲传递函数是等价的数学模型，二者采用 z 变换进行相互转换。

（7）离散系统的动态性能、稳态误差和稳定性是离散系统分析的重要内容，一般采用脉冲传递函数来进行分析更加方便。

（8）在计算机控制系统中，各种控制算法都由计算机软件来实现，使得控制系统具有更加灵活和智能化的特点。

 习题

7-1　已知离散系统的差分方程和初始条件分别为
$$c(k) - 4c(k+1) + c(k+2) = 0，\quad c(0) = 0，\quad c(1) = 1$$
采用迭代法计算输出序列 $c(k), k = 1, 2, 3, 4$。

7-2　采用 z 变换法求解下列差分方程

① $c(k+2) - 6c(k+1) + 8c(k) = r(k)$

　　$r(k) = 1(k)，\quad c(k) = 0，\ k \leqslant 0$

② $c(k+2) + 2c(k+1) + c(k) = r(k)$

　　$c(0) = c(T) = 0，\ r(n) = n，\quad n = 0, 1, 2, \cdots$

③ $c(k+3) + 6c(k+2) + 11c(k+1) + 6c(k) = 0$

　　$c(0) = c(1) = 1，\quad c(2) = 0$

7-3　已知系统的差分方程为

$$c(n+2)-(1+\mathrm{e}^{-0.5T})c(n+1)+\mathrm{e}^{-0.5T}c(n)=(1-\mathrm{e}^{-0.5T})r(n+1)$$

试求对应的脉冲传递函数 $G(z)$。

7-4 已知系统的传递函数为

$$G(s)=\frac{10}{s(s+5)}$$

试求对应的脉冲传递函数 $G(z)$。

7-5 判断下列各个系统的稳定性。已知闭环离散系统的特征方程分别为

① $D(z)=(z+1)(z+0.5)(z+2)=0$

② $D(z)=z^2+1.16z+0.368=0$

③ $D(z)=z^2+4.952z+0.368=0$

7-6 已知单位反馈离散控制系统的开环脉冲传递函数为

$$G(z)=\frac{z(1-\mathrm{e}^{-T})}{(z-1)(z-\mathrm{e}^{-T})}$$

采样周期为 $T=1\mathrm{s}$。如果输入信号为单位加速度信号，试求离散系统的稳态误差。

附　　录

附录 A　拉普拉斯变换

A.1　拉普拉斯变换的定义

对于以时间 t 为自变量的实变函数 $x(t)$，如果满足：

① 当 $t < 0$ 时，$x(t) = 0$。

② 当 $t \geqslant 0$ 时，函数 $x(t)$ 在每个有限的区间上几乎是分段连续的，即除了有限个取值趋于无穷大的间断点之外，函数 $x(t)$ 是分段连续的。

③ $\int_0^\infty x(t)\mathrm{e}^{-\sigma t}\mathrm{d}t < \infty$，其中，$\sigma$ 为正实数，即函数 $x(t)$ 为指数阶的函数。

则定义 $x(t)$ 的拉普拉斯变换 $X(s)$ 为

$$X(s) = L[x(t)] = \int_0^\infty x(t)\mathrm{e}^{-st}\mathrm{d}t \tag{A-1}$$

式中，$s = \sigma + \mathrm{j}\omega$ 为复变量，σ 和 ω 均为实数；符号 $L[\cdot]$ 表示进行拉普拉斯变换。

通过拉普拉斯变换所得到的函数 $X(s)$ 是一个复变函数，称为实变函数 $x(t)$ 的像函数，而实变函数 $x(t)$ 称为复变函数 $X(s)$ 的原函数。因为拉普拉斯变换定义中的积分限是从 0 到 ∞，所以也称为单边拉普拉斯变换。在控制系统的描述和分析中，一般只采用这种单边拉普拉斯变换。

从拉普拉斯变换的像函数 $X(s)$ 求其所对应原函数 $x(t)$ 的计算过程，称为拉普拉斯反变换。根据复变函数的理论可以证明，当 $t \geqslant 0$ 时，拉普拉斯反变换的计算公式为

$$x(t) = L^{-1}[X(s)] = \frac{1}{2\pi\mathrm{j}}\int_{\sigma-\mathrm{j}\infty}^{\sigma+\mathrm{j}\infty} X(s)\mathrm{e}^{st}\mathrm{d}s \tag{A-2}$$

式中，符号 $L^{-1}[\cdot]$ 表示进行拉普拉斯反变换。

此计算公式为一种对复变函数所进行的反演积分，两个互为共轭的复数 $s_1 = \sigma - \mathrm{j}\infty$ 和 $s_2 = \sigma + \mathrm{j}\infty$ 是无穷积分限，其中，实部 σ 为常数，虚部分别为 $-\infty$ 和 $+\infty$。实际上，在复平面中，从复数 $s_1 = \sigma - \mathrm{j}\infty$ 到复数 $s_2 = \sigma + \mathrm{j}\infty$ 的积分路径是一条平行于虚轴 $\mathrm{j}\omega$ 的直线，而且与虚轴 $\mathrm{j}\omega$ 之间的平行距离为 σ。常数 σ 的选择方法是，使该直线积分路径位于像函数 $X(s)$ 的所有极点的右侧，即常数 σ 要大于像函数 $X(s)$ 的所有极点的实部。

A.2　拉普拉斯变换的基本性质和定理

直接采用拉普拉斯变换的定义可以计算一些简单函数的拉普拉斯变换。对于复杂的函数，可以充分利用拉普拉斯变换的基本性质和定理来简化计算过程。

（1）线性性质

设

$$L[ax_1(t) + bx_2(t)] = aX_1(s) + bX_2(s) \qquad (A-3)$$

式中，a 和 b 为常数。

（2）时域微分定理

设 $L[x(t)] = X(s)$，则

$$L\left[\frac{\mathrm{d}^n x(t)}{\mathrm{d}t^n}\right] = s^n X(s) - s^{n-1}x(0) - s^{n-2}x'(0) - \cdots - sx^{(n-2)}(0) - x^{(n-1)}(0) \qquad (A-4)$$

式中，$x(0)$、$x'(0)$、$x''(0)$、$\cdots$、$x^{(n-2)}(0)$ 和 $x^{(n-1)}(0)$ 是函数 $x(t)$ 及其各阶导数在 $t = 0$ 时刻的取值，即函数 $x(t)$ 的初始条件。

如果函数 $x(t)$ 及其各阶导数的初始值均为零，即在零初始条件下，可得

$$L\left[\frac{\mathrm{d}^n x(t)}{\mathrm{d}t^n}\right] = s^n X(s) \qquad (A-5)$$

由此可见，函数 $x(t)$ 在时域中的微分运算，在复数域中被转换为函数 $x(t)$ 的像函数 $X(s)$ 与复变量 s 的乘法运算。因此，根据微分定理，可以将微分方程转换为代数方程。

（3）时域积分定理

设 $L[x(t)] = X(s)$，则

$$L\left[\int_0^t x(t)\mathrm{d}t\right] = \frac{1}{s}X(s) + \frac{1}{s}x^{(-1)}(0) \qquad (A-6)$$

式中，$x^{(-1)}(0)$ 是函数 $x(t)$ 的积分 $x^{(-1)}(t) = \int_0^t x(t)\mathrm{d}t$ 在 $t = 0$ 时刻的取值，即函数 $x(t)$ 的积分的初始条件。

如果函数 $x(t)$ 的积分 $x^{(-1)}(t) = \int_0^t x(t)\mathrm{d}t$ 在 $t = 0$ 时刻的初始值为零，即在零初始条件下，可得

$$L\left[\int_0^t x(t)\mathrm{d}t\right] = \frac{1}{s}X(s) \qquad (A-7)$$

由此可见，函数 $x(t)$ 在时域中的积分运算，在复数域中被转换为函数 $x(t)$ 的像函数 $X(s)$ 与复变量 s 的除法运算。因此，根据积分定理，可以将积分方程转换为代数方程。

（4）时域延时定理

设 $L[x(t)] = X(s)$，则

$$L[x(t-\tau)] = \mathrm{e}^{-\tau s}X(s) \qquad (A-8)$$

式中，$x(t-\tau)$ 是函数 $x(t)$ 沿着时间轴延时 $\tau > 0$ 时段的结果。

（5）时域衰减定理

设 $L[x(t)] = X(s)$，则

$$L[e^{-at}x(t)] = X(s+a) \qquad \text{（A-9）}$$

式中，时域衰减系数 $a > 0$。

（6）时域尺度变换定理

设 $L[x(t)] = X(s)$，则

$$L\left[x\left(\frac{t}{a}\right)\right] = aX(as) \qquad \text{（A-10）}$$

式中，尺度变换系数 $a > 0$。

（7）时域初值定理

设 $L[x(t)] = X(s)$，则

$$x(0) = \lim_{t \to 0} x(t) = \lim_{s \to \infty} sX(s) \qquad \text{（A-11）}$$

（8）时域终值定理

设 $L[x(t)] = X(s)$，则

$$x(\infty) = \lim_{t \to \infty} x(t) = \lim_{s \to 0} sX(s) \qquad \text{（A-12）}$$

（9）时域卷积定理

已知函数 $x_1(t)$ 与 $x_2(t)$，形如 $\int_0^\infty x_1(t-\tau)x_2(\tau)\mathrm{d}\tau$ 的积分仍然是自变量 t 的函数，被称为函数 $x_1(t)$ 与 $x_2(t)$ 的卷积积分，简称卷积，记作 $x_1(t) * x_2(t)$，即

$$x_1(t) * x_2(t) = \int_0^\infty x_1(t-\tau)x_2(\tau)\mathrm{d}\tau \qquad \text{（A-13）}$$

设 $L[x_1(t)] = X_1(s)$，$L[x_2(t)] = X_2(s)$，则

$$L[x_1(t) * x_2(t)] = X_1(s)X_2(s) \qquad \text{（A-14）}$$

由此可见，函数 $x_1(t)$ 与 $x_2(t)$ 在时域中的卷积，在复数域中被转换为与其分别对应的像函数 $X_1(s)$ 与 $X(s)$ 的乘积。

（10）复微分定理

设 $L[x(t)] = X(s)$，则

$$L[t^n x(t)] = (-1)^n \frac{\mathrm{d}^n X(s)}{\mathrm{d}s^n} \qquad \text{（A-15）}$$

A.3 拉普拉斯变换表

表 A-1 拉普拉斯变换表

序号	像函数 $X(s)$	原函数 $x(t)$
1	1	$\delta(t)$
2	$\dfrac{1}{s}$	$u(t)$
3	$\dfrac{1}{s^2}$	t
4	$\dfrac{1}{s^3}$	$\dfrac{1}{2}t^2$
5	$\dfrac{1}{s^{n+1}}$	$\dfrac{1}{n!}t^n$
6	$\dfrac{1}{s+a}$	e^{-at}
7	$\dfrac{a}{s(s+a)}$	$1-e^{-at}$
8	$\dfrac{b-a}{(s+a)(s+b)}$	$e^{-at}-e^{-bt}$
9	$\dfrac{s+a_0}{(s+a)(s+b)}$	$\dfrac{1}{(b-a)}\left[(a_0-a)e^{-at}-(a_0-b)e^{-bt}\right]$
10	$\dfrac{1}{s(s+a)(s+b)}$	$\dfrac{1}{ab}+\dfrac{1}{ab(a-b)}(be^{-at}-ae^{-bt})$
11	$\dfrac{s+a_0}{s(s+a)(s+b)}$	$\dfrac{a_0}{ab}+\dfrac{a_0-a}{a(a-b)}e^{-at}+\dfrac{a_0-b}{b(b-a)}e^{-bt}$
12	$\dfrac{s^2+a_1s+a_0}{s(s+a)(s+b)}$	$\dfrac{a_0}{ab}+\dfrac{a^2-a_1a-a_0}{a(a-b)}e^{-at}-\dfrac{b^2-a_1b-a_0}{b(b-a)}e^{-bt}$
13	$\dfrac{1}{(s+a)(s+b)(s+c)}$	$\dfrac{e^{-at}}{(b-a)(c-a)}+\dfrac{e^{-bt}}{(a-b)(c-b)}+\dfrac{e^{-ct}}{(a-c)(b-c)}$
14	$\dfrac{s+a_0}{(s+a)(s+b)(s+c)}$	$\dfrac{(a_0-a)e^{-at}}{(b-a)(c-a)}+\dfrac{(a_0-b)e^{-bt}}{(a-b)(c-b)}+\dfrac{(a_0-c)e^{-ct}}{(a-c)(b-c)}$
15	$\dfrac{s^2+a_1s+a_0}{(s+a)(s+b)(s+c)}$	$\dfrac{(a^2-a_1a-a_0)e^{-at}}{(b-a)(c-a)}+\dfrac{(b^2-a_1b-a_0)e^{-bt}}{(a-b)(c-b)}+\dfrac{(c^2-a_1c-a_0)e^{-ct}}{(a-c)(b-c)}$
16	$\dfrac{\omega}{s^2+\omega^2}$	$\sin(\omega t)$
17	$\dfrac{s}{s^2+\omega^2}$	$\cos(\omega t)$
18	$\dfrac{s+a_0}{s^2+\omega^2}$	$\dfrac{1}{\omega}\sqrt{a_0^2+\omega^2}\sin(\omega t+\varphi)$ $\varphi=\arctan\dfrac{\omega}{a_0}$
19	$\dfrac{1}{s(s^2+\omega^2)}$	$\dfrac{1}{\omega^2}[1-\cos(\omega t)]$
20	$\dfrac{s+a_0}{s(s^2+\omega^2)}$	$\dfrac{a_0}{\omega^2}-\dfrac{1}{\omega^2}\sqrt{a_0^2+\omega^2}\cos(\omega t+\varphi)$ $\varphi=\arctan\dfrac{\omega}{a_0}$
21	$\dfrac{s+a_0}{(s+a)(s^2+\omega^2)}$	$\dfrac{a_0-a}{a^2+\omega^2}e^{-at}+\dfrac{1}{\omega}\sqrt{\dfrac{a_0^2+\omega^2}{a^2+\omega^2}}\sin(\omega t+\varphi)$ $\varphi=\arctan\dfrac{\omega}{a_0}-\arctan\dfrac{\omega}{a}$
22	$\dfrac{\omega}{(s+a)^2+\omega^2}$	$e^{-at}\sin(\omega t)$

序号	像函数 $X(s)$	原函数 $x(t)$
23	$\dfrac{s+a}{(s+a)^2+\omega^2}$	$\mathrm{e}^{-at}\cos(\omega t)$
24	$\dfrac{1}{s[(s+a)^2+\omega^2]}$	$\dfrac{1}{a^2+\omega^2}+\dfrac{1}{\omega\sqrt{a^2+\omega^2}}\mathrm{e}^{-at}\sin(\omega t-\varphi)$ $\varphi=\arctan\dfrac{\omega}{-a}$
25	$\dfrac{s+a_0}{s[(s+a)^2+\omega^2]}$	$\dfrac{a_0}{a^2+\omega^2}+\dfrac{1}{\omega}\sqrt{\dfrac{(a_0-a)^2+\omega^2}{a^2+\omega^2}}\,\mathrm{e}^{-at}\sin(\omega t+\varphi)$ $\varphi=\arctan\dfrac{\omega}{a_0-a}-\arctan\dfrac{\omega}{-a}$
26	$\dfrac{s^2+a_1s+a_0}{s[(s+a)^2+\omega^2]}$	$\dfrac{a_0}{a^2+\omega^2}+\dfrac{1}{\omega}\sqrt{\dfrac{(a^2-\omega^2-a_1a+a_0)^2+\omega^2(a_1-2a)^2}{a^2+\omega^2}}\,\mathrm{e}^{-at}\sin(\omega t+\varphi)$ $\varphi=\arctan\dfrac{\omega(a_1-2a)}{a^2-\omega^2-a_1a+a_0}-\arctan\dfrac{\omega}{-a}$
27	$\dfrac{1}{(s+c)[(s+a)^2+\omega^2]}$	$\dfrac{\mathrm{e}^{-ct}}{(c-a)^2+\omega^2}+\dfrac{\mathrm{e}^{-at}}{\omega\sqrt{(c-a)^2+\omega^2}}\sin(\omega t-\varphi)$ $\varphi=\arctan\dfrac{\omega}{c-a}$
28	$\dfrac{s+a_0}{(s+c)[(s+a)^2+\omega^2]}$	$\dfrac{(a_0-c)\mathrm{e}^{-ct}}{(c-a)^2+\omega^2}+\dfrac{1}{\omega}\sqrt{\dfrac{(a_0-a)^2+\omega^2}{(c-a)^2+\omega^2}}\,\mathrm{e}^{-at}\sin(\omega t+\varphi)$ $\varphi=\arctan\dfrac{\omega}{a_0-a}-\arctan\dfrac{\omega}{c-a}$
29	$\dfrac{1}{s(s+c)[(s+a)^2+\omega^2]}$	$\dfrac{1}{c(a^2+\omega^2)}-\dfrac{\mathrm{e}^{-ct}}{c[(c-a)^2+\omega^2]}+\dfrac{\mathrm{e}^{-at}}{\omega\sqrt{a^2+\omega^2}\sqrt{(c-a)^2+\omega^2}}\sin(\omega t-\varphi)$ $\varphi=\arctan\dfrac{\omega}{-a}+\arctan\dfrac{\omega}{c-a}$
30	$\dfrac{s+a_0}{s(s+c)[(s+a)^2+\omega^2]}$	$\dfrac{a_0}{c(a^2+\omega^2)}+\dfrac{(c-a_0)\mathrm{e}^{-ct}}{c[(c-a)^2+\omega^2]}+\dfrac{\mathrm{e}^{-at}}{\omega\sqrt{a^2+\omega^2}}\sqrt{\dfrac{(a_0-a)^2+\omega^2}{(c-a)^2+\omega^2}}\sin(\omega t-\varphi)$ $\varphi=\arctan\dfrac{\omega}{a_0-a}-\arctan\dfrac{\omega}{c-a}-\arctan\dfrac{\omega}{-a}$
31	$\dfrac{1}{s^2(s+a)}$	$\dfrac{\mathrm{e}^{-at}+at-1}{a^2}$
32	$\dfrac{s+a_0}{s^2(s+a)}$	$\dfrac{a_0-a}{a^2}\mathrm{e}^{-at}+\dfrac{a_0}{a}t+\dfrac{a-a_0}{a^2}$
33	$\dfrac{s^2+a_1s+a_0}{s^2(s+a)}$	$\dfrac{a^2-a_1a+a_0}{a^2}\mathrm{e}^{-at}+\dfrac{a_0}{a}t+\dfrac{c_1a-a_0}{a^2}$
34	$\dfrac{s+a_0}{(s+a)^2}$	$[(a_0-a)t+1]\mathrm{e}^{-at}$
35	$\dfrac{1}{(s+a)^n}$	$\dfrac{1}{(n-1)!}t^{n-1}\mathrm{e}^{-at}$
36	$\dfrac{1}{s(s+a)^2}$	$\dfrac{1-(1+at)\mathrm{e}^{-at}}{a^2}$
37	$\dfrac{s+a_0}{s(s+a)^2}$	$\dfrac{a_0}{a^2}+\left(\dfrac{a-a_0}{a}t-\dfrac{a_0}{a^2}\right)\mathrm{e}^{-at}$
38	$\dfrac{s^2+a_1s+a_0}{s(s+a)^2}$	$\dfrac{a_0}{a^2}+\left(\dfrac{a_1a-a_0-a^2}{a}t+\dfrac{a^2-a_0}{a^2}\right)\mathrm{e}^{-at}$
39	$\dfrac{1}{s(s+a)}$	$\dfrac{1}{a}(1-\mathrm{e}^{-at})$
40	$\dfrac{s+a_0}{s(s+a)}$	$\dfrac{1}{a}[a_0-(a_0-a)\mathrm{e}^{-at}]$

序号	像函数 $X(s)$	原函数 $x(t)$
41	$\dfrac{s}{s^2 + 2\zeta\omega_n s + \omega_n^2}$	$\dfrac{-1}{\sqrt{1-\zeta^2}} e^{-\zeta\omega_n t} \sin\left(\omega_n\sqrt{1-\zeta^2}\,t - \varphi\right)$ $\varphi = \arctan\dfrac{\sqrt{1-\zeta^2}}{\zeta}$
42	$\dfrac{\omega_n^2}{s^2 + 2\zeta\omega_n s + \omega_n^2}$	$\dfrac{\omega_n}{\sqrt{1-\zeta^2}} e^{-\zeta\omega_n t} \sin(\omega_n\sqrt{1-\zeta^2}\,t)$
43	$\dfrac{\omega_n^2}{s(s^2 + 2\zeta\omega_n s + \omega_n^2)}$	$1 - \dfrac{1}{\sqrt{1-\zeta^2}} e^{-\zeta\omega_n t} \sin(\omega_n\sqrt{1-\zeta^2}\,t + \varphi)$ $\varphi = \arctan\dfrac{\sqrt{1-\zeta^2}}{\zeta}$

附录 B　z 变换

B.1　z 变换的定义

设连续时间函数 $f(t)$ 的拉普拉斯变换为 $F(s)$。连续时间函数 $f(t)$ 经采样周期为 T 的采样开关后，变成离散时间信号 $f^*(t)$

$$f^*(t) = f(t)\sum_{n=0}^{\infty}\delta(t-nT) = \sum_{n=0}^{\infty}f(nT)\delta(t-nT) \tag{B-1}$$

对式（B-1）进行拉普拉斯变换，得离散时间信号的拉普拉斯变换

$$F^*(s) = L[f^*(t)] = \int_0^{\infty}\sum_{n=0}^{\infty}f(nT)\delta(t-nT)e^{-st}\mathrm{d}t$$

$$= \sum_{n=0}^{\infty}f(nT)L\big[\delta(t-nT)\big] = \sum_{n=0}^{\infty}f(nT)e^{-nTs} \tag{B-2}$$

引入复数 z，将其定义为

$$z = e^{Ts} \tag{B-3}$$

由式（B-3）可以解得

$$s = \frac{1}{T}\ln z \tag{B-4}$$

将式（B-4）代入式（B-2），可得以复数 z 为自变量的函数 $F(z)$

$$F(z) = F^*(s)\Big|_{s=\frac{1}{T}\ln z} = \sum_{n=0}^{\infty}f(nT)z^{-n} \tag{B-5}$$

如果式（B-5）中的无穷级数收敛，则称 $F(z)$ 是 $f^*(t)$ 的 z 变换，记作

$$F(z) = Z[f^*(t)] \tag{B-6}$$

已知 z 变换 $F(z)$，求出原来的采样函数 $f^*(t)$，称为 z 反变换，记作

$$Z^{-1}[f(z)] = f^*(t) \tag{B-7}$$

因为 z 变换只能描述连续时间函数在采样时刻的特性，并不能反映采样时刻之间的特性，所以 z 反变换只能求出采样函数 $f^*(t)$ 或 $f(nT)$，而不能求出连续时间函数 $f(t)$。

B.2 z 变换的基本性质和定理

直接采用 z 变换的定义可以计算一些简单函数的 z 变换。对于复杂的函数，可以充分利用 z 变换的基本性质和定理来简化计算过程。

（1）线性性质

设 $Z[f_1(t)] = F_1(z)$，$Z[f_2(t)] = F_2(z)$，则

$$Z[af_1(t) + bf_2(t)] = aF_1(z) + bF_2(z) \tag{B-8}$$

式中，a 和 b 为常数。

（2）时域平移定理

时域平移定理又称时域位移定理。时域平移的含义是指整个采样序列在时间轴上左右平移若干个采样周期。其中，向左平移称为超前平移，向右平移称为滞后平移。

设 $Z[f(t)] = F(z)$，且 $t < 0$ 时，$f(t) = 0$，则

$$Z[f(t + nT)] = z^n[F(z) - \sum_{k=0}^{n-1} f(kT)z^{-k}] \tag{B-9}$$

$$Z[f(t - nT)] = z^{-n}F(z) \tag{B-10}$$

式（B-9）为超前平移定理，式（B-10）为滞后平移定理。

由式（B-9）和式（B-10）可见，z^n 对应时域中的超前平移环节，它把采样信号超前 n 个采样周期；z^{-n} 对应时域中的滞后平移环节，它将采样信号滞后 n 个采样周期。

时域平移定理的作用相当于拉普拉斯变换中的微分定理和积分定理。应用时域平移定理，可以将描述离散系统的时域差分方程转换为 z 域代数方程，是建立离散系统脉冲传递函数的数学基础。

（3）时域指数加权定理

设 $Z[f(t)] = F(z)$，则

$$Z[e^{at}f(t)] = F\left(\frac{z}{e^{aT}}\right) \tag{B-11}$$

（4）时域线性加权定理

设 $Z[f(t)] = F(z)$，则

$$Z[tf(t)] = -Tz\frac{dF(z)}{dz} \tag{B-12}$$

（5）时域初值定理

设 $Z[f(t)] = F(z)$，则

$$f(0) = \lim_{z \to \infty} F(z) \tag{B-13}$$

（6）时域终值定理

设 $Z[f(t)] = F(z)$，则

$$f(\infty) = \lim_{n \to \infty} f(nT) = \lim_{z \to 1}[(z-1)F(z)] \qquad \text{（B-14）}$$

在离散系统分析中，一般采用终值定理求取系统输出序列的稳态值和系统的稳态误差。

（7）时域卷积定理

设 $Z[x(t)] = X(z)$，$Z[y(t)] = Y(z)$，$Z[g(t)] = G(z)$，定义两个采样信号 $x(nT)$ 和 $y(nT)$ 的时域离散卷积和（简称卷积）为

$$g(nT) = x(nT)^* y(nT) = \sum_{k=0}^{\infty} x(kT)y[(n-k)T] \qquad \text{（B-15）}$$

则

$$G(z) = X(z)Y(z) \qquad \text{（B-16）}$$

在离散系统分析中，时域卷积定理是沟通时域与 z 域的桥梁。利用时域卷积定理可以建立离散系统的脉冲传递函数。

需要注意的是，z 变换只能描述信号在采样点上的信息，不能描述信号在采样点之间的信息。因此，z 变换与采样序列相对应，而不与连续时间信号对应。对于连续时间信号，只要采样序列相同，其 z 变换就相同。

B.3　z 变换表

表 B-1　z 变换表

序号	拉普拉斯变换 $F(s)$	时间函数 $f(t)$ 或 $f(nT)$	z 变换 $F(z)$
1	1	$\delta(t)$	1
2	e^{-nTs}	$\delta(t - nT)$	z^{-n}
3	$\dfrac{1}{s}$	$1(t)$	$\dfrac{z}{z-1}$
4	$\dfrac{1}{s^2}$	t	$\dfrac{Tz}{(z-1)^2}$
5	$\dfrac{1}{s^3}$	$\dfrac{1}{2}t^2$	$\dfrac{T^2 z(z+1)}{2(z-1)^3}$
6	$\dfrac{1}{s+a}$	e^{-at}	$\dfrac{z}{z-e^{-aT}}$
7	$\dfrac{a}{s(s+a)}$	$1 - e^{-at}$	$\dfrac{(1-e^{-aT})z}{(z-1)(z-e^{-aT})}$
8	$\dfrac{1}{(s+a)^2}$	te^{-at}	$\dfrac{Tze^{-aT}}{(z-e^{-aT})^2}$
9	$\dfrac{\omega}{s^2+\omega^2}$	$\sin(\omega t)$	$\dfrac{z\sin(\omega T)}{z^2 - 2z\cos(\omega T) + 1}$
10	$\dfrac{s}{s^2+\omega^2}$	$\cos(\omega t)$	$\dfrac{z[z-\cos(\omega T)]}{z^2 - 2z\cos(\omega T) + 1}$

序号	拉普拉斯变换 $F(s)$	时间函数 $f(t)$ 或 $f(nT)$	z 变换 $F(z)$
11	$\dfrac{\omega}{(s+a)^2+\omega^2}$	$\mathrm{e}^{-at}\sin(\omega t)$	$\dfrac{z\mathrm{e}^{-aT}\sin(\omega T)}{z^2-2z\mathrm{e}^{-aT}\cos(\omega T)+\mathrm{e}^{-2aT}}$
12	$\dfrac{s+a}{(s+a)^2+\omega^2}$	$\mathrm{e}^{-at}\cos(\omega t)$	$\dfrac{z^2-z\mathrm{e}^{-aT}\cos(\omega T)}{z^2-2z\mathrm{e}^{-aT}\cos(\omega T)+\mathrm{e}^{-2aT}}$
13		a^n	$\dfrac{z}{z-a}$
14		$(-a)^n$	$\dfrac{z}{z+a}$

参考文献

[1]　王积伟，吴振顺. 控制工程基础 [M]. 3 版. 北京：高等教育出版社，2019.

[2]　孙叔蕾，李红. 控制工程基础[M]. 西安：西北工业大学出版社，2018.

[3]　张智焕，包凡彪. 机械工程控制基础[M]. 武汉：华中科技大学出版社，2017.

[4]　李友善. 自动控制原理[M]. 北京：国防工业出版社，1989.

[5]　王益群. 控制工程基础[M]. 北京：机械工业出版社，2001.

[6]　赵丽娟. 控制工程基础[M]. 北京：机械工业出版社，1989.

[7]　王仲民. 机械控制工程基础[M]. 北京：国防工业出版社，2010.

[8]　董玉红，杨青梅. 机械控制工程基础[M]. 哈尔滨：哈尔滨工业大学出版社，2003.

[9]　张学军，韩君. 自动控制原理[M]. 成都：电子科技大学出版社，2019.

[10]　千艳秋，自动控制原理[M]，北京：北京理工大学出版社，2018.

[11]　蒋增如. 自动控制理论虚拟仿真与实验设计[M]. 北京：北京理工大学出版社，2020.

[12]　孙炳达. 自动控制原理[M]. 北京：机械工业出版社，2016.

[13]　胡寿松. 自动控制原理[M]. 北京：科学出版社，2019.

[14]　Katsuhiko Ogata. 现代控制工程[M]. 5 版. 卢伯英，佟明安，译. 北京：电子工业出版社，2017.

[15]　王长松，吕卫阳，马祥华，等. 控制工程基础[M]. 北京：高等教育出版社，2015.

[16]　董景新，赵长德，郭美凤，等. 控制工程基础[M]. 5 版. 北京：清华大学出版社，2022.

[17]　孟庆明. 自动控制原理[M]. 3 版. 北京：高等教育出版社，2019.

[18]　秦肖臻，王敏. 自动控制原理[M]. 3 版. 北京：电子工业出版社，2014.